装配式建筑施工技术

主编 | 邓文静

四川大学出版社
SICHUAN UNIVERSITY PRESS

图书在版编目（CIP）数据

装配式建筑施工技术 / 邓文静主编. -- 成都 : 四川大学出版社, 2024. 7. -- ISBN 978-7-5690-6990-7

Ⅰ. TU3

中国国家版本馆 CIP 数据核字第 2024Q6E323 号

书　　名：装配式建筑施工技术
Zhuangpeishi Jianzhu Shigong Jishu
主　　编：邓文静

选题策划：王小碧　梁　平
责任编辑：梁　平
责任校对：李　梅
装帧设计：裴菊红
责任印制：王　炜

出版发行：四川大学出版社有限责任公司
地址：成都市一环路南一段 24 号（610065）
电话：（028）85408311（发行部）、85400276（总编室）
电子邮箱：scupress@vip.163.com
网址：https://press.scu.edu.cn
印前制作：四川胜翔数码印务设计有限公司
印刷装订：成都金龙印务有限责任公司

成品尺寸：185mm×260mm
印　　张：8.75
字　　数：210 千字

版　　次：2024 年 7 月 第 1 版
印　　次：2024 年 7 月 第 1 次印刷
定　　价：48.00 元

本社图书如有印装质量问题，请联系发行部调换

扫码获取数字资源

四川大学出版社
微信公众号

编委会

主　编： 邓文静

副主编： 谢元亮　陈　巧　蒲　晓　梅雨生　傅　航　米　军　勾小琴

参　编： 徐　华　程玉雷　高晓元　徐　涛　董　璐　高兴中　何修宇　万姝君

主　审： 张　意　余林文

前　言

装配式建筑施工技术是在建筑产业化大背景下应运而生的专业核心课。装配式建筑施工技术的发展推动着教育教学内容的变革，是党的十九大以来，我国进一步加快经济发展步伐、加速产业结构调整、走资源节约型环境友好型的可持续发展之路的方式，也是解决建筑产业用工荒等问题的手段。

本教材主要讲述了装配式建筑施工技术发展的基本特点、钢筋混凝土预制构件的生产及运输、预制构件现场吊装和连接、装配式钢结构建筑等知识。通过本课程的学习，学生可熟悉装配式建筑技术，掌握常用的钢筋混凝土预制构件的生产、装配施工和管理技能，掌握装配式钢结构建筑的施工和管理技能，培养学生在装配式建筑施工和管理方面的职业能力和素养。

国家大力发展现代职业教育，构建职业教育新体系，要求职业教育的人才培养模式、教学模式、评价模式改革和教学内容、方式、环境、手段创新，以适应建筑业日益发展变化的人才需求。本教材按照“模块+任务”的框架，采用“学习内容+学习目标+工作情境+思考题”的编写模式，同时参考了大量的教材开发成果，力求集各家之所长。

本教材包括四个模块，分别是“模块一　装配式建筑概述”“模块二　钢筋混凝土预判构件的生产及运输”“模块三　预制构件现场吊装和连接”“模块四　装配式钢结构建筑”，建议在第二或第三学期开设。

序号	任务	建议学时
模块一	任务一：装配式建筑的定义、特点及意义 任务二：装配式建筑的主要结构体系及特点 任务三：建筑（住宅）部品部件的分类及特点 任务四：装配式建筑的基本施工工艺简述	10
模块二	任务一：钢筋混凝土预制构件的生产 任务二：钢筋混凝土预制构件的运输	6
模块三	任务一：装配整体式剪力墙结构吊装和连接 任务二：装配整体式框架结构吊装和连接	28

续表

序号	任务	建议学时
模块四	任务一：认识装配式钢结构建筑 任务二：装配式钢结构建筑的类型与适用范围 任务三：装配式钢结构建筑的设计 任务四：装配式钢结构建筑生产与运输 任务五：装配式钢结构建筑施工安装 任务六：质量验收及使用维护	20

本教材由重庆永川职业教育中心邓文静负责总体规划，提出教材编写的指导思想和理念，确定教材的总体框架，并对教材的内容进行审阅和指导。重庆建筑技师学院谢元亮主持编写并负责统稿，重庆建工住宅建设有限公司总工程师、教授级高工张意，重庆大学材料科学与工程学院教授余林文负责审稿。模块一由重庆建筑技师学院谢元亮编写，模块二由重庆工信职业学院梅雨生、重庆工商职业学院米军教授编写，模块三由重庆市育才职业教育中心陈巧、重庆永川职业教育中心蒲晓编写，模块四由重庆建筑技师学院傅航、勾小琴、高兴中编写。

在编写过程中，本教材还得到了重庆建筑技师学院副院长徐华、重庆市巫溪县职业教育中心办公室主任何修宇、重庆市江北区建设工程管理事务中心副主任程玉雷、重庆佳泰诚工程检测技术有限公司副总工程师高晓元、重庆建工高新建材有限公司高级工程师徐涛、重庆市江北区公路工程质量安全监测中心高级工程师董璐、重庆市九龙建设工程质量检测中心有限公司万姝君等领导及同仁的诸多支持。

由于时间仓促，书中难免存在不足和疏漏之处，敬请各位读者将建议反馈给我们，以便在后续版本中不断改进和完善。

本教材在编写过程中参阅了大量的资料，在此对原作者表示深深的感谢！

编　者

目　录

模块一　装配式建筑概述

【学习内容】

装配式建筑施工技术是建设领域推广的建筑技术，本模块通过学习“装配式建筑的定义、特点及意义”“装配式建筑的主要结构体系及特点”“建筑（住宅）部品部件的分类及特点”“装配式建筑的基本施工工艺简述”，熟悉装配式建筑的基本知识。

【学习目标】

知识目标：

掌握装配式建筑发展的必然趋势和基本特点。

能力目标：

能够说出装配式建筑的定义、分类和特点，能够描述装配式部品部件的类型，能够绘制装配式建筑从生产到施工的工艺流程图。

任务一　装配式建筑的定义、特点及意义

【工作情境】

我国经济经过多年的高速发展，各行业工业化水平飞速提升，相对而言，建筑业却还处在“手工业”时代，工业化水平较低。但是随着环保、人口、技术等多方面因素影响，建筑业变革大潮已经来临，装配式建筑不断发展，建筑工业化变革势不可挡。我们相信，未来建筑业的建造体系与产业必将超越现有模式与工业形式的范畴，实现装配式、工业化，并逐步进入数字建造、智慧建造。

一、装配式建筑的定义

装配式建筑是指结构系统、外围护系统、设备与管线系统、内装系统的主要部分采用预制部品部件集成的建筑。

二、装配式建筑的特点

装配式建筑具有设计标准化、生产工厂化、施工装配化、装修一体化、管理信息化等特点。

三、发展装配式建筑的意义

（一）发展装配式建筑是落实党中央、国务院决策部署的重要举措

2016年颁布的《中共中央　国务院关于进一步加强城市规划建设管理工作的若干意见》，对装配式建筑发展提出了明确要求。国务院出台的《大力发展装配式建筑的指导意见》更是全面系统地指明了推进装配式建筑的目标、任务和措施。

（二）发展装配式建筑是促进建设领域节能、减排、降耗的有力抓手

当前，我国经济发展方式粗放的局面并未得到根本转变。特别在建筑业，采用现场浇（砌）筑的方式，资源能源利用效率低，建筑垃圾排放量大，扬尘和噪声环境污染严重。如果不从根本上改变建造方式，粗放建造方式带来的资源能源过度消耗和浪费将无法扭转，经济增长与资源能源的矛盾会更加突出，并将极大地制约中国经济社会的可持续发展。发展装配式建筑在节能、节材和减排方面的成效已在实际项目中得到证明。在资源能源消耗和污染排放方面，根据住房和城乡建设部科技与产业化发展中心对13个装配式混凝土建筑项目的跟踪调研和统计分析，装配式建筑相比现浇建筑，建造阶段可以大幅减少木材模板、保温材料（寿命长，更新周期长）、抹灰水泥砂浆、施工用水、施工用电的消耗，并减少80%以上的建筑垃圾排放，减少碳排放和对环境带来的扬尘和噪声污染，有利于改善城市环境、提高建筑综合质量和性能、推进生态文明建设。

（三）发展装配式建筑是促进当前经济稳定增长的重要措施

当前，我国经济增长将从高速转向中高速，经济下行压力加大，建筑业面临改革创新的重大挑战，发展装配式建筑正当其时。一是可催生众多新型产业。装配式建筑包括混凝土结构建筑、钢结构建筑、木结构建筑、混合结构建筑等，量大面广，产业链条长，产业分支众多。发展装配式建筑能够为部品部件生产企业、专用设备制造企业、物流产业、信息产业等创造新的市场需求，有利于促进产业再造和增加就业。特别是随着产业链条向纵深和广度发展，将带动更多的相关配套企业。二是拉动投资。发展装配式建筑必须投资建厂，建筑装配生产所需要的部品部件能带动大量社会投资涌入。三是提升消费需求。集成厨房和卫生间、装配式全装修、智能化以及新能源的应用等将促进建筑产品的更新换代，带动居民和社会消费增长。四是带动地方经济发展。从国家住宅产业现代化试点（示范）城市发展经验看，凭着引入“一批企业”，建设“一批项目”，带动“一片区域”，形成

"一系列新经济增长点"，发展装配式建筑可有效促进区域经济快速增长。

（四）发展装配式建筑是带动技术进步、提高生产效率的有效途径

近些年，我国工业化、城镇化进程快速推进，劳动力减少、高素质建筑工人短缺等问题越来越突出，建筑业发展的"硬约束"加剧。一方面，劳动力价格不断提高；另一方面，建造方式传统粗放，工业化水平不高，技术工人少，劳动效率低下。发展装配式建筑涉及标准化设计、部品部件生产、现场装配、工程施工、质量监管等，构成要素包括技术体系、设计方法、施工组织、产品运输、施工管理、人员培训等。采用装配式建筑，会"倒逼"诸环节、诸要素摆脱低效率、高消耗的粗放建造模式，走依靠科技进步、提高劳动者素质、创新管理模式及内涵式、集约式发展道路。

装配式建筑在工厂里预制生产大量部品部件，这部分部品部件运输到施工现场再组合、连接、安装。工厂的生产效率远高于手工作业；工厂生产不受恶劣天气等自然环境影响，工期更为可控；施工装配机械化程度高，可大大减少传统现浇施工现场大量和泥、抹灰、砌墙等湿作业；交叉作业方便有序，可提高劳动生产效率，缩短1/4左右的施工时间。此外，装配式建筑还可以减少约30%的现场用工数量。通过生产方式转型升级，减轻劳动强度，提升生产效率，摊薄建造成本，有利于突破建筑业发展瓶颈，全面提升建筑产业现代化发展水平。

（五）发展装配式建筑是实现"一带一路"发展目标的重要路径

自加入世界贸易组织以来，我国建筑业已深度融合国际市场。在经济全球化大背景下，要在巩固国内市场份额的同时，主动"走出去"参与全球分工，在更大范围、更多领域、更高层次上参与国际竞争，特别是在"一带一路"建设中，采用装配式建筑，有利于与国际接轨，提升核心竞争力，利用全球建筑市场资源服务自身发展。

装配式建筑能够彻底转变以往建造技术水平不高、科技含量较低、单纯拼劳动力成本的竞争模式，将工业化生产和建造过程与信息化紧密结合，应用大量新技术、新材料、新设备，强调科技进步和管理模式创新，注重提升劳动者素质，注重塑造企业品牌和形象，以此形成企业的核心竞争力和先发优势。同时，采用工程总承包方式，重点进行方案策划，在前期阶段，融入一体化设计先进理念，注重产业集聚，在国际市场竞争中补"短板"。发展装配式建筑将促进企业苦练内功，携资金、技术和管理优势抢占国际市场，依靠工程总承包业务带动国产设备、材料出口，在参与经济全球化竞争过程中取得先机。

（六）发展装配式建筑是全面提升住房质量和品质的必由之路

新型城镇化是以人为核心的城镇化，住房是人民群众最大的民生问题。建筑业落后的生产方式会直接导致施工过程随意性大，工程质量无法得到保证。发展装配式建筑，主要采取以工厂生产为主的部品部件制造取代现场建造方式，工业化生产的部品部件质量稳定；以装配化作业取代手工砌筑作业，能大幅减少施工失误和人为错误，保证施工质量；装配式建筑可有效提高产品精度，解决系统性质量通病，减少建筑后期维修维护费用，延长建筑使用寿命。采用装配式建筑，能够全面提升住房品质和性能，让人民群

众共享科技进步和供给侧改革带来的发展成果，并以此带动居民住房消费，在不断地更新换代中，走向中国住宅梦的发展道路。

【思考题】

1. 装配式建筑是指________、________、________、________的主要部分采用预制部品部件集成的建筑。

2. 装配式建筑具有________、________、________、________、________等特点。

3. 简述发展装配式建筑的意义。

4. 根据工作情境，结合任务一的内容，谈一下你对装配式建筑发展的认识。

任务二　装配式建筑的主要结构体系及特点

【工作情境】

某学校准备修建一栋教学楼，学校在设计方案的讨论会中出现了争议，有些教师建议采用现浇钢筋混凝土结构，有些教师建议采用装配式混凝土结构，有些教师建议采用装配式钢结构，还有些教师建议采用装配式木结构。

你认为他们的建议合理吗？

一、装配式建筑的主要结构体系

装配式建筑结构体系主要分为装配式混凝土结构、装配式木结构、装配式钢结构（图 1–1）。

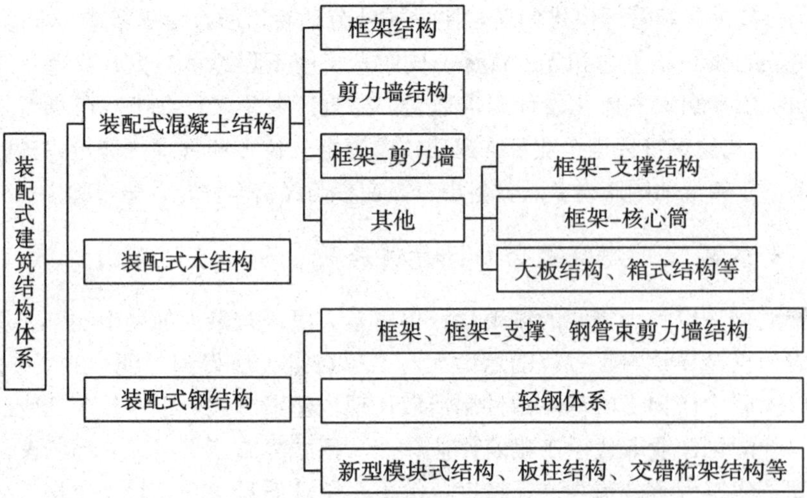

图 1–1　装配式建筑结构体系

二、装配式建筑主要结构体系的特点

（一）装配式混凝土结构

1. 提高工程质量和施工效率

通过标准化设计、工厂化生产、装配化施工，装配式混凝土结构建筑可减少人工操作和劳动强度，确保构件质量和施工质量，从而提高工程质量和施工效率。

2. 减少资源、能源消耗，减少建筑垃圾，保护环境

由于实现了构件生产工厂化，装配式混凝土结构建筑的材料和能源消耗均处于可控状态；建造阶段消耗建筑材料和电力较少；施工扬尘和建筑垃圾大幅度减少。

3. 缩短工期，提高劳动生产率

由于构件生产和现场建造在两地同步进行，装配式混凝土结构建筑的建造、装修和设备安装一次完成，相比传统建造方式大大缩短了工期，能够适应目前我国大规模的城市化进程。

4. 转变建筑工人身份，促进社会和谐、稳定

装配式混凝土结构建筑可减少施工现场临时工的用工数量，并使其中一部分人进入工厂，变为产业工人，助推城镇化发展。

5. 减少施工事故

与传统建筑相比，装配式混凝土结构建筑建造周期短、工序少、现场工人需求量小，可进一步降低发生施工事故的概率。

6. 施工受气象因素影响小

装配式混凝土结构建筑的大部分构配件在工厂生产，现场基本为装配作业，且施工工期短，受降雨、大风、冰雪等气象因素的影响较小。

（二）装配式木结构

1. 得房率高

由于墙体厚度的差别，装配式木结构建筑的实际得房率（实际使用面积）比普通砖混结构要高出5%～8%。

2. 工期短

装配式木结构建筑施工对气候的适应能力较强，不会像混凝土工程一样需要很长的养护期。另外，木结构还能适应低温作业，因此冬季施工不受限制。

3. 节能

建筑物的能源效益是由构成该建筑物的结构体系和材料的保温特性决定的。装配式木结构建筑的墙体和屋架体系由木质规格材料、木基结构覆面板和保温棉等组成，测试

结果表明，150mm 厚的木结构墙体，其保温能力相当于 610mm 厚的砖墙；木结构建筑相对混凝土结构，可节能 50％～70％。

4. 环保

木材是唯一可再生的主要建筑材料，在能耗、温室气体、空气和水污染以及生态资源开采方面，装配式木结构建筑的环保性远优于砖混结构和钢结构，是公认的绿色建筑。

5. 舒适

由于装配式木结构建筑优异的保温特性，人们可以享受到木结构住宅的冬暖夏凉。另外，木材为天然材料，绿色无污染，不会对人体造成伤害；材料透气性好，易于保持室内空气清新及湿度均衡。

6. 稳定性高

木材相对其他材料韧性更好，加上装配式木结构建筑的面板结构体系，使其对于冲击荷载及周期性疲劳破坏有很强的抵抗力，具有最佳的抗震性。装配式木结构建筑在各种极端的条件下，均表现出优异的稳定性和结构的完整性，特别在易于飓风影响的热带地区以及受到破坏性地震袭击的地区，其表现尤为突出。

7. 防火性能

装配式木结构建筑体系的耐火能力较强，轻型木结构中石膏板对木构件的覆盖，以及重木结构中大尺寸木构件遇火形成的碳化层，均可以保护木构件，并保持其结构强度和完整性。按《木结构设计规范》（GB 50005）设计建造的装配式木结构建筑，完全能够满足有关防火要求。

8. 隔声性能

基于木材的低密度和多孔结构，以及隔声墙体和楼板系统，使装配式木结构也适用于有隔声要求的建筑，以创造静谧的生活、工作空间。另外，装配式木结构建筑没有混凝土建筑常有的撞击性噪声传递问题。

9. 耐久性

精心设计和建造的现代装配式木结构建筑，能够面对多种挑战，可谓现代建筑形式中最经久耐用的结构形式之一，甚至在多雨、潮湿，以及白蚁高发地区也能长时间保持良好性能。

（三）装配式钢结构

相对于装配式混凝土建筑而言，装配式钢结构建筑具有以下特点：

（1）没有现场现浇节点，安装速度更快，施工质量更容易得到保证。

（2）钢结构是延性材料，具有更好的抗震性能。

（3）相对于混凝土结构，钢结构自重更轻，基础造价更低。

（4）钢结构是可回收材料，更加绿色环保。

（5）精心设计的装配式钢结构建筑，比装配式混凝土建筑具有更好的经济性。

（6）梁柱截面更小，可获得更多的使用面积。

(7) 如果处理不当或者没有经验，防火和防腐问题需要引起重视。

(8) 如设计不当，装配式钢结构建筑比传统混凝土结构建筑建造成本更高，但相对装配式混凝土建筑而言，仍然具有一定的经济性。

【思考题】

1. 装配式建筑按照材料分，有________、________、________三种。
2. 简述装配式混凝土结构发展对于施工现场的影响。
3. 简述装配式混凝土结构对工人工作环境的影响。
4. 简述装配式木结构的特点。
5. 简述装配式钢结构的特点。

任务三 建筑（住宅）部品部件的分类及特点

【工作情境】

建筑（住宅）部品部件是由工厂生产，构成外围护系统、设备与管线系统、内装系统的建筑单一产品或符合产品组装而成的功能单元的统称。某幢建筑采用了装配式结构体系，如果让你选择不同的装配式部品部件进行修建，你会如何选择？

一、建筑（住宅）部品部件的分类

建筑（住宅）部品部件分为建筑（住宅）结构性部品部件和建筑（住宅）功能性部品部件两部分。

（一）建筑（住宅）结构性部品部件的品种

(1) 预制钢筋混凝土构件：剪力墙板、保温装饰一体化外墙板、楼板、屋面板、楼梯板（或预制楼梯）、阳台板（或预制阳台）和其他用于住宅建设的预制梁、柱等。

(2) 预制钢结构构件：普通钢结构构件、轻型钢结构构配件等。

(3) 其他。

（二）建筑（住宅）功能性部品部件的品种

(1) 建筑轻板：轻质混凝土隔墙板、保温装饰一体化墙板（非承重）、石膏空心墙板等。

(2) 整体厨卫。

(3) 壁柜。

(4) 与建筑一体化的太阳能热水系统。

（5）建筑门窗及配套件、橱柜、隔墙及配套件、建筑管件及管材、地板。

（6）其他。

二、建筑（住宅）部品部件的特点

建筑（住宅）部品具有标准化、通用化、系列化、规模化的特点。

（一）标准化

建筑（住宅）部品部件的标准化分为部品部件生产的标准化和部品部件施工的标准化。

（二）通用化

建筑（住宅）部品部件的通用化是通过某些使用功能和尺寸相近的部品部件的标准化，使该部品部件在建筑的许多部位和纵、横系列产品间通用，从而减少部品部件的种类和数量，有利于降低成本，形成规模化工业生产。

（三）系列化

系列化的建筑（住宅）部品部件便于建筑在建造过程中的多样化选择，它是工业化建筑（住宅）部品部件的一个重要特征，也是标准化、通用化的必然结果。

（四）规模化

工业化的建筑（住宅）部品部件是工厂大规模生产的产品，与施工现场手工、半手工建造的产品不同，部品部件是工厂制作的成品、半成品，只需运至施工现场简单组装就可实现应有功能。

【思考题】

1. 装配式建筑（住宅）部品部件分为________、________两种。
2. 装配式建筑（住宅）部品部件的特点有________、________、________、________。

任务四　装配式建筑的基本施工工艺简述

【工作情境】

深圳市某项目是装配式建筑的一个经典案例。该项目是国内首个混凝土模块化高层建筑，国内建造速度最快、工业化程度最高的保障性住房项目，以及国内首个 BIM

（建筑信息模型）全生命周期数字化交付的模块化建筑项目。

项目包含5栋近百米高楼，为深圳市提供了2740套保障性住房，从开工到精装交付仅用时365天，是“像造汽车一样造房子”的生动实践。

同学们设想一下装配式混凝土结构建筑施工中有哪些施工要点呢？你能列举几个吗？

一、施工工艺流程

本部分内容就装配整体式框架结构建筑和装配整体式剪力墙结构建筑给出参考的施工流程。

（一）装配整体式框架结构建筑施工流程

构件进场验收→构件编号→构件弹线控制→支撑连接件设置复核→预制柱吊装、固定、校正、连接→预制梁吊装、固定、校正、连接→预制板吊装、固定、校正、连接→浇筑梁板叠合层混凝土→预制楼梯吊装、固定、校正、连接→预制墙板吊装、固定、校正、连接。

（二）装配整体式剪力墙结构建筑施工流程

构件进场验收→构件编号→弹墙体控制线→预制剪力墙吊装就位→预制剪力墙斜撑固定→预制墙体注浆→预制外填充墙吊装→竖向节点构件钢筋绑扎→预制内填充墙吊装→支设竖向节点构件模板→预制梁吊装→预制楼板吊装→预制阳台吊装、固定、校正、连接→后浇筑叠合楼板及竖向节点构件→预制楼梯吊装。

二、施工要点

（一）预制构件安装

（1）预制构件吊装应符合下列规定：

①应根据当天的作业内容进行班前技术安全交底；

②预制构件应按照吊装顺序预先编号，吊装时严格按编号顺序起吊；

③在吊装过程中，预制构件宜设置缆风绳控制构件转动。

（2）预制构件吊装就位后，应及时校准并采取临时固定措施。

预制构件就位校核与调整应符合下列规定：

①预制墙板、预制柱等竖向构件安装后，应对安装位置、安装标高、垂直度进行校核与调整；

②叠合构件、预制梁等水平构件安装后应对安装位置、安装标高进行校核与调整；

③水平构件安装后，应对相邻预制构件平整度、高低差、拼缝尺寸进行校核与调整；

④装饰类构件应对装饰面的完整性进行校核与调整；

⑤临时固定措施、临时支撑系统应具有足够的强度、刚度和整体稳固性，应按现行国家标准《混凝土结构工程施工规范》（GB 50666—2011）的有关规定进行验算。

（3）预制构件与吊具的分离应在校准定位及临时支撑安装完成后进行。

（4）竖向预制构件安装采用临时支撑时，应符合下列规定：

①预制构件的临时支撑不宜少于 2 道；

②对预制柱、墙板构件的上部斜支撑，其支撑点距离板底的距离不宜小于构件高度的 2/3，且不应小于构件高度的 1/2，斜支撑应与构件可靠连接；

③构件安装就位后，可通过临时支撑对构件的位置和垂直度进行微调。

（5）水平预制构件安装采用临时支撑时，应符合下列规定；

①首层支撑架体的地基应平整坚实，宜采取硬化措施；

②临时支撑的间距及其墙、柱、梁边的净距应经设计计算确定，竖向连续支撑层数不宜少于 2 层且上下层支撑宜对准；

③叠合板预制底板下部支架宜选用定型独立钢支柱，竖向支撑间距应经计算确定。

（6）预制柱安装应符合下列规定：

①宜按照角柱、边柱、中柱顺序进行安装，与现浇部分连接的柱宜先行吊装；

②预制柱的就位以轴线和外轮廓现为控制线，对于边柱和角柱，应以外轮廓线控制为准；

③就位前应设置柱底调平装置，控制住安装标高；

④预制柱安装就位后应在两个方向设置可调节临时固定措施，并应进行垂直度、扭转调整；

⑤采用灌浆套筒连接的预制柱调整就位后，柱脚连接部位宜采用模板封堵。

（7）预制剪力墙板安装应符合下列规定：

①与现浇部分连接的墙板宜先行吊装，其他宜按照外墙先行吊装的原则进行吊装。

②就位前，应在墙板底部设置调平装置。

③采用灌浆套筒连接、浆锚搭接连接的夹芯保温外墙板应在保温材料部位采用弹性密封材料进行封堵。

④采用灌浆套筒连接、浆锚搭接连接的墙板需要分仓灌浆时，应采用座浆料进行分仓；多层剪力墙采用座浆时应均匀铺设座浆料；座浆料强度应满足设计要求。

⑤墙板以轴线和轮廓线为控制线，外墙应以轴线和外轮廓前双控制。

⑥安装就位后应设置可调斜撑临时固定，测量预制墙板的水平位置、垂直度、高度等，通过墙底垫片、临时支撑进行调整。

⑦预制墙板调整就位后，墙底不连接部位宜采用模板封堵。

⑧叠合墙板安装就位后进行叠合墙板拼缝处附加钢筋安装，附加钢筋应与现浇段钢筋网交叉点全部绑扎牢固。

（8）预制梁或叠合梁安装应符合下列规定：

①安装顺序宜遵循先主梁后次梁、先低后高的原则。

②安装前，应测量并修正临时支撑标高，确保与梁底标高一致，并在柱上弹出梁边

控制线；安装后根据控制线进行精密调整。

③安装前，应复核柱钢筋与梁钢筋位置、尺寸，对梁钢筋与柱钢筋位置有冲突的，应按设计单位确认的技术方案调整。

④安装时梁伸入支座的长度与搁置长度应符合设计要求。

⑤安装就位后应对水平度、安装位置、标高进行检查。

⑥叠合梁的临时支撑，应在后浇混凝土强度达到设计要求后方可拆除。

（9）叠合板预制底板安装应符合下列规定：

①预制底板吊装完成后应对板底接缝高差进行校核，当叠合板板底接缝高差不满足设计要求时，应将构件重新起吊，通过可调托座进行调节；

②预制底板的接缝宽度应满足设计要求；

③临时支撑应在后浇混凝土强度达到设计要求后方可拆除。

（10）预制楼梯安装应符合下列规定：

①安装前，应检查楼梯构件平面定位及标高，并宜设置调平装置；

②就位后，应及时调整并固定。

（11）预制阳台板、空调板安装应符合下列规定：

①安装前，应检查支座顶面标高及支撑面的平整度；

②临时支撑应在后浇混凝土强度达到设计要求后方可拆除。

（二）预制构件连接

（1）采用钢筋套筒灌浆连接、钢筋浆锚搭接的预制构件施工，应符合下列规定：

①现浇混凝土中伸出的钢筋应采用专用模具进行定位，并采用可靠的固定措施控制连接钢筋的中心位置及外露长度，以满足设计要求。

②构件安装前应检查预制构件上套筒、预留孔的规格、位置、数量和深度；当套筒、预留孔内有杂物时，应清理干净。

③应检查被连接钢筋的规格、数量、位置和长度。当连接钢筋倾斜时，应进行校直；连接钢筋偏离套筒或孔洞中线不宜超过3mm。连接钢筋中心位置存在严重偏差影响预制构件安装时，应会同设计单位制定专项处理方案，严禁随意切割、强行调整定位钢筋。

（2）装配式混凝土结构后浇混凝土部分的模板与支架应符合下列规定：

①装配式混凝土结构宜采用工具式支架和定型模板；

②模板应保证后浇混凝土部分形状、尺寸的位置准确；

③模板与预制构件接缝处应采取防止漏浆的措施，可粘贴密封条。

（3）后浇混凝土的施工应符合下列规定：

①预制构件结合面疏松部分的混凝土应剔除并清理干净。

②混凝土分层浇筑高度应符合国家现行有关标准的规定，应在底层混凝土初凝前将上一层混凝土浇筑完毕。

③浇筑时应采取保证混凝土或砂浆浇筑密实的措施。

④预制梁、柱混凝土强度等级不同时，预制梁柱节点区混凝土强度等级应符合设计要求。

⑤混凝土浇筑应布料均衡，浇筑和振捣时，应对模板及支架进行观察和维护，发生异常情况应及时处理；构件接缝混凝土浇筑和振捣应采取措施防止模板、相连接构件、钢筋、预埋件及其定位件移位。

（4）构件连接部位后浇混凝土及灌浆料的强度达到设计要求后，方可拆除临时支撑系统。拆模时的混凝土强度应符合现行国家标准《混凝土结构工程施工规范》（GB 50666—2011）的有关规定和设计要求。

（5）外墙板接缝防水施工应符合下列规定：

①防水施工前，应将板缝空腔清理干净；

②应按设计要求填塞背衬材料；

③密封材料嵌填应饱满、密实、均匀、顺直、表面平滑，其厚度应满足设计要求。

（三）部品部件安装

（1）装配式混凝土建筑的部品部件安装宜与主体结构同步进行，可在安装部位的主体结构验收合格后进行，并应符合国家现行有关标准的规定。

（2）安装前的准备工作应符合下列规定：

①应编制施工组织设计和专项施工方案，包括安全、质量、环境保护方案及施工进度计划等内容；

②应对所有进场部品部件、零配件及辅助材料按设计规定的品种、规格、尺寸和外观要求进行检查；

③应进行技术交底；

④现场应具备安装条件，安装部位应清理干净；

⑤装配安装前应进行测量放线工作。

（3）严禁擅自改动主体结构或改变房间的主要使用功能，严禁擅自拆改燃气、暖通、电气等配套设施。

（4）部品部件吊装应采用专用吊具，起吊和就位应平稳，避免磕碰。

（5）预制外墙安装应符合下列规定：

①墙板应设置临时固定和调整装置；

②墙板应在轴线、标高和垂直度调校合格后方可永久固定；

③当跳板采用双层墙板安装时，内外层墙板的拼缝宜错开；

④蒸压加气混凝土板施工应符合现行行业标准《蒸压加气混凝土建筑应用技术规程》（JGJ/T 17）的规定。

（6）现场组合骨架外墙安装应符合下列规定：

①竖向龙骨安装应平直，不得扭曲，间距应满足设计要求；

②空腔内的保温材料应连续、密实，并应在隐蔽验收合格后方可进行面板安装；

③面板安装方向及拼缝位置应满足设计要求，内外侧接缝不宜在同一根竖向龙骨上；

④木骨架组合墙体施工应符合现行国家标准《木骨架组合墙体技术规范》（GB/T 50361）的规定。

（7）幕墙安装应符合下列规定：

①玻璃幕墙安装应符合现行行业标准《玻璃幕墙工程技术规范》（JGJ 102—2003）的规定；

②金属与石材幕墙安装应符合现行行业标准《金属与石材幕墙工程技术规范》（JGJ 133—2001）的规定；

③人造板材幕墙安装应符合现行行业标准《人造板材幕墙工程技术规范》（JGJ 336—2016）的规定。

（8）外门窗安装应符合下列规定：

①铝合金门窗安装应符合现行行业标准《铝合金门窗工程技术规范》（JGJ 214—2010）的规定；

②塑料门窗安装应符合现行行业标准《塑料门窗工程技术规程》（JGJ 103—2008）的规定。

（9）轻质隔墙部品部件的安装应符合系列规定：

①条板隔墙的安装应符合现行行业标准《建筑轻质条板隔墙技术规程》（JGJ/T 157）的有关规定。

②龙骨骨架应与主体结构连接牢固，并应垂直、平整、位置准确；龙骨的间距应满足设计要求；门、窗洞口等位置应采用双排竖向龙骨；壁挂设备、装饰物等的安装位置应设置加固措施；隔墙饰面板安装前，隔墙板内管线应进行隐蔽工程验收；面板拼缝应错缝设置，当采用双层面板安装时，上下层板的接缝应错开。

（10）吊顶部品部件的安装应符合下列规定：

①装配式吊顶龙骨应与主体结构固定牢靠；

②超过 3kg 的灯具、电扇及其他设备应设置独立吊挂结构；

③饰面板安装前应完成吊顶内管道、管线施工，并经过隐蔽验收合格。

（11）架空地板部品部件的安装应符合下列规定：

①安装前应完成架空层内管线敷设，且应经隐蔽验收合格；

②地板辐射供暖系统应对地暖加热管进行水压试验并隐蔽验收合格铺设面层。

（四）设备与管线安装

（1）设备与管线需要与结构构件连接时宜采用预留埋件的连接方式。当采用其他连接方法时，不得影响混凝土构件的完整性与结构的安全性。

（2）设备与管线施工前应按设计文件核对设备及管线参数，并应对结构构件预埋套管及预留孔洞的尺寸、位置进行复核，合格后方可施工。

（3）室内架空地板内排水管道支（托）架及管座（墩）的安装应按排水坡度排列整齐，支（托）架与管道接触紧密，非金属排水管道采用金属支架时，应在与管外径接触位置处设置橡胶垫片。

（4）隐蔽在装饰墙体内的管道，其安装应牢固可靠。管道安装部位的装饰结构应采取方便更换、维修的措施。

（5）当管线需埋置在桁架钢筋混凝土叠合板后浇混凝土中时，应设置在桁架上弦钢筋下方，管线之间不宜交叉。

（6）防雷引下线、防侧击雷、等电位连接施工应与预制构件安装配合。利用预制柱、预制梁、预制墙板内钢筋作为防雷引下线、接地线时，应按设计要求进行预埋和跨接，并进行引下线导通性试验，保证连接的可靠性。

（五）成品保护

（1）交叉作业时，应做好工序交接，不得对已完工序的成品、半成品造成破坏。

（2）在装配式混凝土建筑施工全过程中，应采取防止预制构件、部品及预制构件上的建筑附件、预埋件、预埋吊件等损伤或污染的保护措施。

（3）预制构件饰面砖、石材、涂刷、门窗等处宜采用贴膜保护或其他专业材料保护。安装完成后，门窗框应采用槽型木框保护。

（4）连接止水条、高低口、墙体转角等薄弱部位，应采用定型保护垫块或专用式套件做加强保护。

（5）预制楼梯饰面应采用铺设木板或其他覆盖形式的成品保护措施。楼梯安装后，踏步口宜铺设木条或其他覆盖形式保护。

（6）遇有大风、大雨、大雪等恶劣天气时，应采取有效措施对存放预制构件成品进行保护。

（7）装配式混凝土建筑的预制构件和部品在安装施工过程、施工完成后，不应受到施工机具碰撞。

（8）施工梯架、工程用的物料等不得支撑、顶压或斜靠在部品上。

（9）当进行混凝土地面等施工时，应防止物料污染、损坏预制构件和部品表面。

【思考题】

1. 简述装配整体式框架结构建筑的施工流程。
2. 详细介绍装配整体式框架结构建筑施工流程中的质量控制和管理。
3. 简述装配整体式剪力墙结构建筑的施工流程。
4. 详细介绍装配整体式剪力墙结构建筑施工流程中的质量控制和管理。

模块二　钢筋混凝土预制构件的生产及运输

【学习内容】

本模块以西南某省的案例为真实情境，探讨钢筋混凝土预制构件的生产及运输。钢筋混凝土预制构件的生产，具有工厂化、工业化的特征。生产需要的场地较大，设备较多，保管要求高，质量易于集中化、量化控制。钢筋混凝土预制构件的运输，聚焦于“保护”，运输过程科学、便捷而不损坏钢筋混凝土预制构件，是我们追求的目标。

【学习目标】

知识目标：

（1）熟悉钢筋混凝土预制构件的概念与特点；

（2）掌握钢筋混凝土预制构件生产设备与生产材料；

（3）掌握钢筋混凝土预制构件的生产工艺；

（4）掌握钢筋混凝土预制构件的保管与运输方法。

能力目标：

（1）能按照图纸与工艺要求，选择设备钢筋混凝土预制构件的生产工器具。

（2）会使用测量与放线工具，开展设备钢筋混凝土预制构件浇筑前的测量定位工作。

（3）能制定设备钢筋混凝土预制构件运输的技术与安全保证措施。

素养目标：

（1）养成精益求精、吃苦耐劳的工匠精神。

（2）提升使用教学平台、识图软件等信息化素养。

（3）持续培养守正创新、知行合一的工程素养。

【工作情境】

西南某省为推进区域产业链全要素生产，计划集中资金投资新业态建设，兴建一个大型数字化+产业园区。选址地区处于非地震带上，该地抗震设防烈度为 6 度。为加快建设速度，所有办公楼、仓储、厂房及配套大型房屋设施拟采用装配式结构。

经前期调研，距离该园区施工区域 52km 处有一大型钢筋混凝土预制构件生产厂，距园区 107km、122km 处有两座中型钢筋混凝土预制构件生产厂。三座工厂至园区交通方便，能满足工程所有构件定制要求。但该地装配式建筑建设需求处于起步状态，工厂仅4—6月及10—11月五个月开工，且缺少模板放线人员。园区工地需要提前预订构件，并在吊装作业前妥善保管。请根据工作需求提前了解钢筋混凝土预制构件的生产、保管与运输，为后续装配式建筑安装作业做好准备。

任务一　钢筋混凝土预制构件的生产

一、知识准备

（一）钢筋混凝土预制构件的概念

装配式建筑是要把房屋像拼积木那样装配起来，所用到的“积木块”，就是组成房屋主体的构件。钢筋混凝土便宜、皮实，用它做成的房屋主体构件，简称PC（Precast Concrete）装配式构件或PC构件（图2-1），在德国、英国、美国、日本等国家的使用相当广泛，采用钢筋混凝土预制构件建房是广受接纳的一种主流做法。

图2-1　钢筋混凝土预制构件

（二）钢筋混凝土预制构件的特点

（1）生产周期长，安装工期短。实际上，装配式建筑的出发点，就是把生产房屋构件的时间转移到工厂去。集成化、工业化的构件生产，代替了工地上耗时且受环境因素制约的施工过程。

（2）节能降耗，节约成本，环境亲和力强。原本由施工单位自主组织、监督构件制作，改为由生产效率更高的工厂生产构件，施工单位仅需按需定制。装配施工过程噪声、粉尘及固体废物污染都能控制在较小范围。

（3）施工难度大幅降低。施工单位摆脱了部件现场生产，人工、材料、机械的组织、管理难度大为降低。

(4) 工程质量有保障。科学便捷的工厂化生产，使得钢筋混凝土预制构件的全要素质量更有保障。而目前国内已有较完备的检查检验体系，保证装配式构件工程质量符合国家标准。

(5) 与前后工作配合度高。由于构件可以提前在工厂定制，又可与后期保温、装饰层合并生产，能保证较短的安装工期（图 2−2)。

图 2−2 与前后工作配合度高

(6) 主体构件拼合、灌浆（图 2−3）必须高度重视质量验收，否则不利于保证结构整体性。

图 2−3 主体构件拼合、灌浆

（三）钢筋混凝土预制构件种类

按照房屋部位，钢筋混凝土预制构件分为结构类构件、围护类构件、功能性构件和其他构件。

1. 结构类构件

结构类构件主要是具备承重功能的钢筋混凝土板、框架梁、框架柱、剪力墙等（图 2−4)。

图 2—4　结构类构件

2. 围护类构件

围护类构件主要是非承重的隔墙板，包括疏配筋的加气混凝土墙板、纤维增强水泥墙板等（图 2—5）。

图 2—5　围护类构件

3. 功能性构件

功能性构件包括雨棚、带有栏杆的空调板等小型构件。

二、钢筋混凝土预制构件的生产概述

作为准备投标产业园区施工任务的建筑公司，组织人员对 3 家钢筋混凝土预制构件生产厂进行走访调研。当地钢筋混凝土预制构件的生产情况如下：

（一）生产设备与工器具

1. 模台

模台是钢筋混凝土预制构件生产的作业面，也兼做钢筋混凝土预制构件的底模（图 2—6）。

图 2-6 **模台**

2. 模具

模具是专门用来生产钢筋混凝土预制构件的各种模板系统（图 2-7）。钢筋混凝土预制构件的模具以钢模为主，也有玻璃钢等其他材料模具。

图 2-7 **模具**

3. 测量工具

测量工具一般为钢卷尺、游标卡尺、矩尺、钢尺、靠尺与塞尺等（图 2-8）。

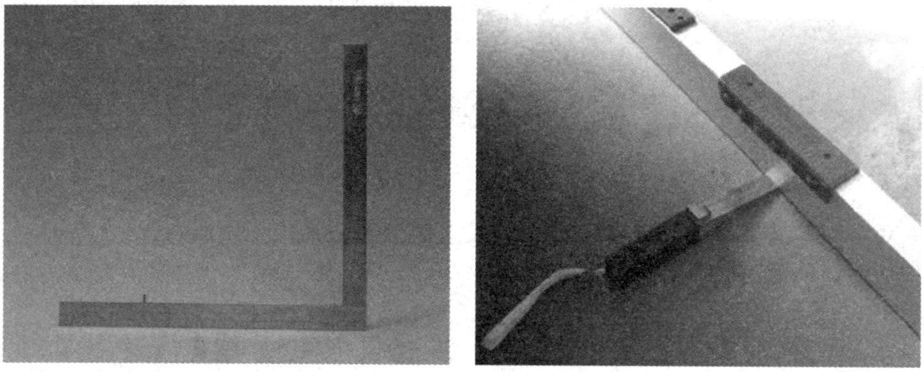

图 2-8 **测量工具**

4. 放线工具

所谓放线，是指在实际工作对象表面，以画线、弹线、刻线等方式，绘制出作业纹样或控制线（如梁的轴线）。放线工作中常用的传统工具主要有钢卷尺、红蓝铅笔、墨斗；现在用的激光垂准仪、激光放线仪（图 2-9）在设好参数后，能快速给出符合要求的光线。

图 2-9 放线工具

5. 生产与养护设备

生产与养护设备有模台运输线、模台清理机、自动布料机、振捣器、拉毛装置、赶平机、蒸养窑等（图 2-10）。

图 2-10 生产与养护设备

6. 其他工器具

其他工器具如弯钢机、断钢机、钢筋扎钩、扳手、涂刷、滚刷等工器具。

（二）生产材料

钢筋混凝土预制构件涉及的生产材料较多，一般包括以下材料：

(1) 混凝土与钢筋。

(2) 电工辅助管件。

(3) 螺栓、垫块、扎丝。

（三）生产工艺

1. 生产前准备

(1) 安全防护准备：步入生产区域前，必须穿戴工装，佩戴安全帽；按要求佩戴手套。

（2）领取工具。

（3）检查上道工艺是否完成及是否符合后续工序开工标准。

2. 定位放线

用放线工具在模台上定位画线。

3. 模具初步固定

初步固定模具的侧模。必须注意留设钢筋的保护层厚度，螺栓与出筋孔不能冲突。

4. 模具最终固定

按规范要求核对图纸，校正模具后，紧固侧模并涂刷隔离剂。

5. 钢筋制作与入模

按规范要求制作钢筋，吊装入模。

6. 混凝土的浇筑与养护

按《普通混凝土配合比设计规程》（JGJ 55），经有资质的试验公司、质检站进行配合比设计后，执行相关浇筑与养护流程，注意留置标养与同条件养护试块。

7. 钢筋混凝土预制构件脱模

同条件养护试块强度至少达到设计强度的50%方可执行脱模程序（图 2－11）。拆模时，不得使用大锤敲击等震动构件的方式暴力拆模。

图 2－11 钢筋混凝土预制构件脱模

8. 钢筋混凝土预制构件起吊

构件起吊的吊点须经验算，不得损害构件力学性能（图 2－12）。

图 2－12 钢筋混凝土预制构件起吊

（四）钢筋混凝土预制构件的保管

走访调研中，当地厂家钢筋混凝土预制构件的保管情况如下：

1. 钢筋混凝土预制构件的存放要求

(1) 厂家对构件堆放有统一规划（图 2-13），厂区内必须有明确的指示牌、指示图，堆放区域有显著标志。

图 2-13　统一规划构件堆放

(2) 场地要求：堆放钢筋混凝土预制构件的场地表面应有适当的强度、刚度，不易积水。

(3) 构件堆叠时，不同种类、型号的构件应分开码放。构件间应置有统一规格的缓冲垫物。构件间的距离应有足够的操作空间。最下层构件与地面间的垫物应为木方或型钢（图 2-14）。

图 2-14　构件堆叠

(4) 剪力墙构件宜竖立堆放（图 2-15），柱构件堆叠不得超过 4 层，横向构件堆叠不得超过 6 层。

图 2-15 剪力墙构件竖立堆放

(5) 暴露在外的预埋铁件，须涂刷防锈漆。

(6) 预留孔须以泡沫棒填充保护，预留螺栓须以橡塑材料或泡沫材料包裹保护。

(7) 其他须保护的细部，包括装饰层、线条凹凸等易损部位，亦须进行有效保护。

(8) 钢筋混凝土预制构件堆码、安置过程中，严禁震动撞击或有其他可能损坏构件的行为。

2. 钢筋混凝土预制构件的保管制度

建立钢筋混凝土预制构件保管制度，堆码标识、责任制、出入库制度、巡检制度、保护办法、奖惩措施需在厂区范围得以落实。

任务二 钢筋混凝土预制构件的运输

钢筋混凝土预制构件的运输是保证建筑质量的重要环节，也是施工过程中较易忽视的一个方面。装配式建筑的运输过程往往时间长、颠簸大，大型构件极易发生影响力学性能的扰动和影响外观质量的磕碰，因此必须从运输环节狠抓质量。

一、运输时的防护措施

因为物流系统与生产厂家及施工单位的对接较易发生疏漏，所以钢筋混凝土预制构件易出现“在厂有严管，工地有严管，车上没人管”的窘境。生产厂家、施工工地往往有严密的保存管理措施，但在运输过程中，防震措施做得不如在厂家和工地那么严密。而恰是在运输过程中，构件受到的震动、颠簸是最大的。因此，运输时的防护措施必须高于平时。

(一) 一般规定

(1) 对构件设立严密的运输保障措施（图 2-16），厂家、施工单位须有专人押运，未经技术人员验收，不得装卸构件，不得启动运输。

图 2-16　对构件严密的运输保障措施

（2）每层设置高于平时缓冲点位的垫块（图 2-17）。垫块本身若无较好弹性，应以弹性物料包裹垫块。

图 2-17　垫块

（3）所有阳角、棱角须设有妥善防冲击措施。

（4）构件应设有四个方向的防倾覆措施，以及防车辆急弯、急刹的保护措施。

（二）运输方式选择

（1）应根据构件的不同特点，结合具体物流情况，选择适合的运输方式。如运距过远，路况及运输质量无法保证，可考虑由厂家派出专业人员，现场制备钢筋混凝土预制构件。

（2）架立措施（图 2-18）：当采用托架、支架时，构件与水平面所成竖直角宜大于 80°。所有构件不应向同一侧倾斜，同侧构件不大于两层。

图 2-18 架立措施

(3) 水平层数：梁、柱类厚重构件堆叠不宜超过 3 层，板类构件不宜超过 6 层。

(三) 智能运输系统

尚处于探索中的智能运输系统，整合了大数据、信息化等新技术，强调运输过程的预期性、可控性、智能性。其特征如下：

(1) 运输过程强调预期性。如根据构件运输计划，提前向相关部门获取运输线路、天气预警、路况勘察等信息，确保运输安全顺畅。

(2) 采用可视化监控系统（图 2-19），保障运输过程全程监控，有利于生产企业、施工企业集中技术要素，更好地发挥监控职能。

图 2-19 可视化监控系统

(3) 生产线、构件及产运全程融入智能化要素，如实现条码、二维码产品识别（图 2-20），实现产品智能化出入库，实现全过程相关技术信息平台式整合等，保障运输质量。

图 2-20 条码、二维码产品识别

【思考题】

一、基础复习题

1. 什么叫钢筋混凝土预制构件？钢筋混凝土预制构件的特点与装配式建筑的特点有何关联？

2. 钢筋混凝土预制构件的生产设备与工器具有哪些？

3. 钢筋混凝土预制构件的生产与混凝土现浇构件生产有何异同？

4. 运输钢筋混凝土预制构件需要注意哪些问题？

5. 钢筋混凝土预制构件如何在工地现场妥善保存？

6. 钢筋混凝土预制构件的生产与运输遵循哪些原则？

7. 请简述钢筋混凝土预制构件的生产工艺。

8. 试写出钢筋混凝土预制构件模板的测量下料工作步骤。

9. 为什么钢筋混凝土预制构件的制作与安装是混凝土结构建筑未来的潮流？

10. 钢筋混凝土预制构件的生产、运输，是否满足新时代低碳减排的节能要求？在现状基础上如何改进？

11. 较之钢结构构件、木结构构件，钢筋混凝土预制构件有哪些优势？

12. 通过调查市场，简述目前钢筋混凝土预制构件的新技术、新工艺有哪些。

13. 利用图书馆和网络资源，用文献法深入了解研究钢筋混凝土预制构件，论述目前世界上主要发达国家如何发展钢筋混凝土预制构件技术。

14. 以小组为单位，设立调查目标为“钢筋混凝土预制构件相关概念在我校其他专业师生中的普及率”，制作一份包含判断题、单选题的调查问卷，发给同级其他专业同学做一做，收集并分析调查结果，提交结论。

15. 走访附近的钢筋混凝土预制构件生产厂家或装配式建筑工地，听取建筑师、结构师、监理工程师和项目经理分别从各自专业领域所做的报告，整理并提交不少于300字的心得。

二、拓展题

1. 请为本模块任务背景中的施工单位拟订与钢筋混凝土预制构件生产工厂的合同条款。作为施工员，如何向本公司招投标部门的非技术人员讲解钢筋混凝土预制构件的含义、优缺点和重要性？

2. 以上一大题的第14小题为基础，在最近的职教宣讲、职教周、科技社团等活动上，做一次关于钢筋混凝土预制构件的科普活动，建议以图文、模型、多媒体等方式多方面呈现。有条件的情况下，可以借助AR、VR等信息化设备。

3. 联系本模块的前后模块及其他平行课程，写一篇与钢筋混凝土预制构件相关的简短科技说明文或技术小论文，字数700字左右。

4. 思考如何将钢筋混凝土预制构件、智能化楼宇这两个方面结合起来推动建筑施工技术创新。

5. 未来不仅是信息化、智能化的，也是人类向深空发展因而必然“太空化”的，如果我们需要在月球上建设一个永久式基地，采用塑料、金属、混凝土这些材料中哪一类为主材可行性较好？如果使用钢筋混凝土预制构件，简述生产、运输中需要考虑的技术问题。

模块三　预制构件现场吊装和连接

【学习内容】

混凝土预制构件的吊装和连接作业在整个装配式建筑施工过程中起到了混凝土构件起吊、就位、调整、连接的作用，因此，本模块通过装配整体式剪力墙结构项目和装配式框架结构项目介绍了预制构件现场吊装和连接的基本知识。任务一依托装配整体式剪力墙结构项目学习预制剪力墙板吊装、后浇节点钢筋绑扎和支模、钢筋套筒灌浆施工、预制叠合楼板吊装、后浇混凝土施工、预制楼梯吊装、外墙接缝构造施工等。任务二依托装配整体式框架结构项目学习预制柱和预制梁的吊装。

【学习目标】

知识目标：掌握装配整体式剪力墙结构、框架结构构件吊装和连接的施工工艺。

能力目标：能够现场组织、管理装配整体式剪力墙结构、框架结构的吊装和连接工作。

素质目标：具有集体意识、良好的职业道德修养和与他人合作的精神，能协调同事之间、上下级之间的工作关系，具有严谨认真的工作态度。

任务一　装配整体式剪力墙结构吊装和连接

【工作情境】

该工程为某市某住宅楼，建筑面积约 14750m^2，地上 18 层，地下储藏室 2 层，地下车库 1 层，建筑高度 52.65m，属于高层住宅楼。该工程抗震设防烈度为 6 度，抗震设防类别为重点设防类。该建筑的结构安全等级为一级，设计使用年限为 50 年，结构抗震等级为三级。

该工程为装配整体式剪力墙结构，地下储藏室及 1、2 层采用现浇钢筋混凝土的剪力墙结构体系，3～18 层采用装配整体式剪力墙结构体系，预制剪力墙采用灌浆套筒连接，边缘构件采用现浇混凝土，楼盖采用预制叠合板。该项目的预制构件在吊装前已到达现场并按要求进行了堆放，请根据工作需要提前了解预制构件的施工工艺，为后续装配整体式剪力墙结构中构件的吊装和连接做准备。

子任务一 装配整体式剪力墙结构施工

［**任务描述**］

一、装配整体式剪力墙结构的单层吊装施工流程

装配整体式剪力墙结构的单层吊装施工流程如图 3−1 所示。

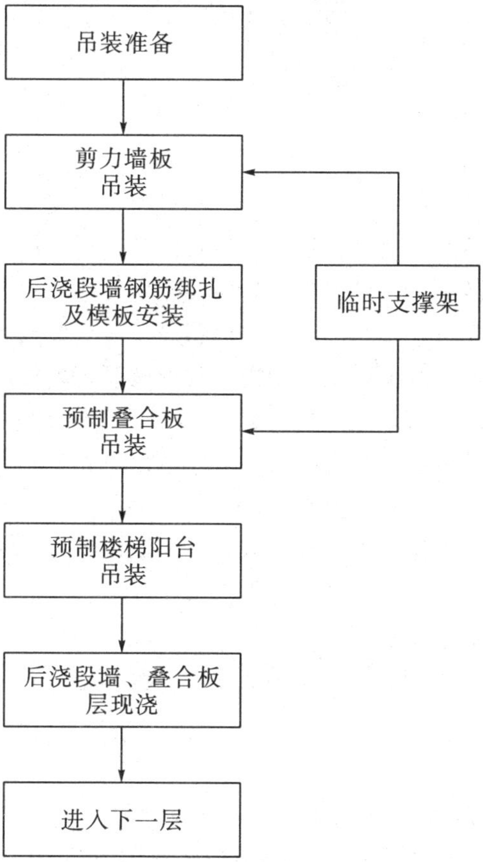

图 3−1 装配整体式剪力墙结构的单层吊装施工流程

二、预制构件进场检查

（一）检查内容

预制构件进场检查内容如下：

（1）预制构件进场要进行验收。验收内容包括构件的外观、尺寸、预埋件、特殊部位处理等方面。

（2）预制构件的验收和检查应由质量管理员或者预制构件接收负责人完成，检查比例为100%。施工单位可以根据构件发货时的检查单对构件进行进场验收，也可以根据项目计划书编写的质量控制要求检查表进行进场验收。

（3）运输车辆运抵施工现场卸货前要进行预制构件质量验收。对特殊形状的构件或特别要注意的构件应放置在专用台架上进行认真检查。

（4）如果构件存在影响结构、防水和外观的裂缝、破损、变形等状况时，要与原设计单位商量是否继续使用这些构件或者直接废弃。

（5）通过目测对全部构件进行进场验收时的主要检查项目如下：

①构件名称、构件编号、生产日期；

②构件上的预埋件位置、数量；

③构件裂缝、破损、变形等情况；

④预埋件、构件突出的钢筋等状况。

（二）检查方法

预制构件运至施工现场时需进行检查，检查内容包括外观检查和几何尺寸检查两个方面。外观检查项目包括预制构件的裂缝、破损、变形等，应进行全数检查，其检查方法一般通过目视，必要时可采用相应的专用仪器设备进行检测。几何尺寸检查项目包括构件的长度、宽度、高度或厚度以及预制构件对角线等。此外，还应对预制构件的预留钢筋和预埋件、一体化预制窗户等构配件进行检测，检查的方法一般采用钢尺量测。

预制构件的外观质量不应有严重缺陷，也不宜有一般缺陷。对已出现的一般缺陷，应按技术方案进行处理，并重新检验。

预制构件的尺寸允许偏差应符合相关规定。预制构件有粗糙面时，与粗糙面相关的尺寸允许偏差可适当放宽。

子任务二　预制剪力墙板的吊装

［任务描述］

预制剪力墙板外墙节点的吊装如图3－2所示。

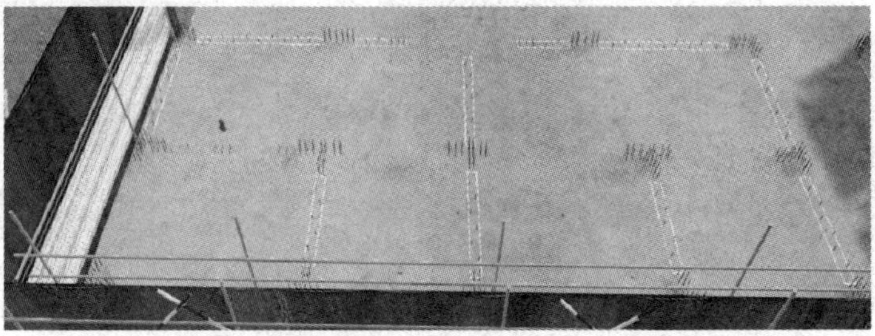

图3－2　预制剪力墙板外墙节点的吊装

一、预制剪力墙吊装流程

预制剪力墙板吊装施工工序如图 3-3 所示（以 1 块墙板为例）。

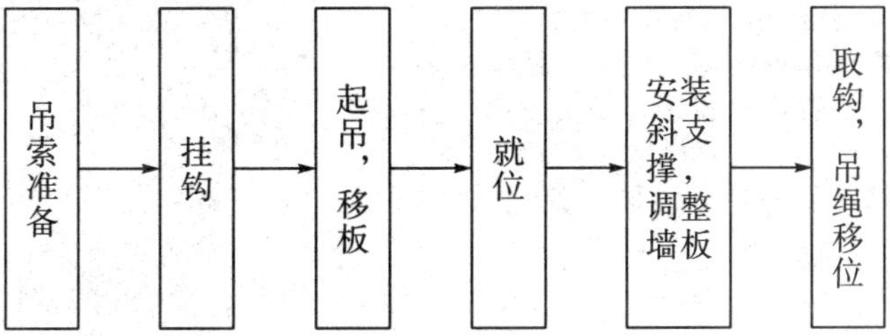

图 3-3　预制剪力墙板吊装施工工序

二、吊装施工准备

吊装施工准备见表 3-1。

表 3-1　吊装施工准备

准备	准备内容	示例
准备 1 测量放线	根据控制点，弹轴线、控制线，在楼板或地板上弹好墙板侧面位置线、端面位置线和门洞位置线等。 首层放线方法是根据外部控制点弹四周轴线，以四周轴线为基准依次弹出所有轴线，同时确定室内控制基准点，2 层以上楼层先通过基准点进行引测	 **首层测量放线**  **2 层以上测量放线**

续表

准备	准备内容	示例
准备 2 垫块找平	水平标高测量、控制标高垫块放置。 采用水准仪，根据施工图纸、地面和墙板尺寸，放置垫块找平。垫块高度不宜大于 20mm。垫块应放置在内墙板、外墙板的结构受力层上。每块墙板放置 2 组垫块	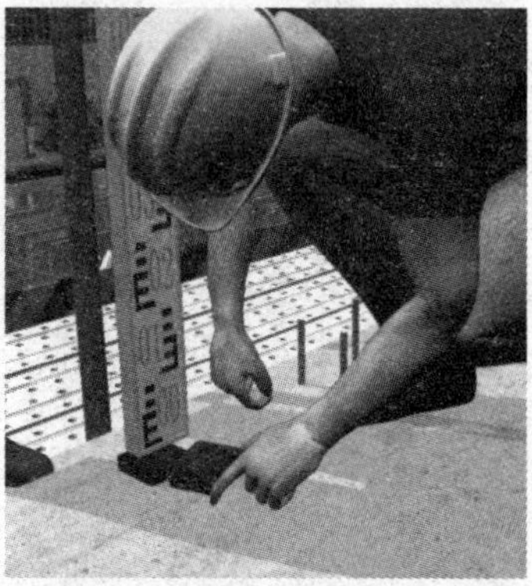
准备 3 插筋清理	浇筑前采用插筋定位工装进行插筋校准，浇筑后进行插筋复检，并清理水泥浆及铁锈等，插筋位置应符合图纸要求	
准备 4 安装橡塑棉条	外墙吊装时，需安装橡塑棉条。 使用双面胶条将泡沫密封条安装在外墙外侧边线上，阻止灌浆、坐浆向外流出	
准备 5 墙板斜支撑准备	拆除和搬运墙板斜支撑，搬运至待施工层，按照斜支撑安装图要求，将斜支撑摆放至墙板支撑侧，每块墙板需要长短支撑各 2 件，将墙板长、短斜支撑在支撑侧摆放整齐	

续表

准备	准备内容	示例
准备 6 准备 坐浆料	采用搅拌机搅拌砂浆，砂浆配合比即水泥：沙子为 1：2，坐浆材料的强度等级不应低于被连接构件的混凝土强度等级，且应满足下列要求：砂浆流动度为 130～170mm，1 天抗压强度值 30MPa，严格按照规范要求，为无收缩砂浆。按批检验，以每层为一检验批，每工作班应制作一组且每层不少于 3 组边长为 70.7mm 的立方体试件，标准养护 28d 后进行抗压强度试验	
准备 7 坐浆	在墙体边线以内位置坐浆，砂浆具有一定的稠性，且强度大于 30MPa，无收缩砂浆，坐浆高度稍高于垫块高度，坐浆饱满。预制墙采用底部坐浆法，其厚度不宜大于 20mm	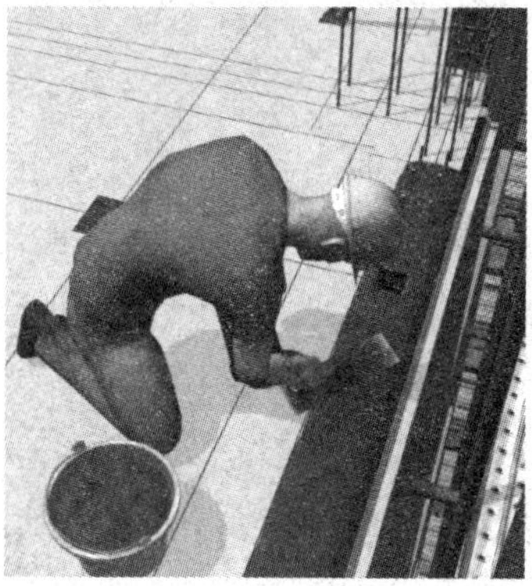

三、吊装施工工序

（一）吊索准备

准备吊索，检查吊具，特别是检查绳索是否有破损、吊钩卡环是否有问题等，并进行试吊，准备牵引绳等辅助工具、材料。

（二）挂钩

将平衡梁、吊索移至构件上方，两侧分别设 1 人挂钩，采用爬梯进行登高操作（图 3-4），将吊钩与墙板吊环连接，吊索与构件水平方向夹角不宜小于 60°且不应小于 45°（图 3-5），在墙板下方两侧伸出水平封闭钢筋的位置安装引导绳。

质量控制要点：卸扣必须拧紧，必须露出 2～3 圈螺纹，安装引导绳。

图 3-4 登高操作

图 3-5 吊索与构件水平方向夹角

（三）起吊，移板

构件起吊时，先行试吊。试吊高度不得大于 1m，试吊过程中检验吊钩与构件、吊钩与钢丝绳、钢丝绳与吊梁、吊架之间连接是否可靠，确认各项连接满足要求后方可正式起吊。

构件吊装至施工操作层时，操作人员应站在楼层内，佩戴保险带，用专用钩子将构件上系扣的缆风绳勾至楼层内。吊装人员通过引导绳摆正构件位置，引导绳不能强行水平移动构件，只能控制旋转方向，平稳吊至安装位置上方 80～100cm 处（图 3-6）。吊运构件时，下方严禁站人，必须待吊物降落至离地 1m 以内方可靠近。

图 3-6 吊至安装位置上方 80～100cm 处

（四）就位

将预制剪力墙板吊至安装平面上方 80～100cm 处，由两端施工人员扶住，缓慢降低，将墙板与安装位置线（边线和端线）靠拢。插筋插入灌浆套筒。离地 12～15cm 时，借用镜子观察（图 3-7），将灌浆套筒孔与地面插筋对齐插入；同时，用撬棍调整预制剪力墙外皮墙体控制线，确保墙板边线、端线与地面控制线对齐就位。外墙板就位后检查板与板拼缝是否为 20mm，板缝上下是否一致，对板与板之间接缝平整度进行校正。

图 3-7 用镜子观察

（五）安装斜支撑，调整墙板

墙板就位后，立即安装长、短斜支撑。安装支撑后，释放吊钩。

墙板内的斜撑杆应首先调整其中一根的垂直度，待校准完毕后再紧固另一根，不可两根均在紧固状态下进行调整（图 3-8）。

图 3-8 墙板校准

以短斜支撑调整墙板位置，长斜支撑调整墙板垂直度，并采用靠尺测量垂直度与相邻墙板的平整度（垂直度测量三次）。

质量控制点：墙体中心线对轴线位置允许偏差 5mm，墙体垂直度允许偏差 3mm，相邻墙侧面平整度允许偏差 3mm，墙面接缝宽度允许偏差±5mm。

（六）取钩，吊绳移位

确定墙板调整固定后，通过爬梯登高取钩，同时将引导绳迅速挂在吊钩上。

根据上述步骤，循环安装每一块墙板，先安装外墙板，再安装内墙板。

［**知识提高**］

套筒连接的上下层预制墙体的安装缝有两种密封方法：坐浆法和灌浆法（图 3-9）。

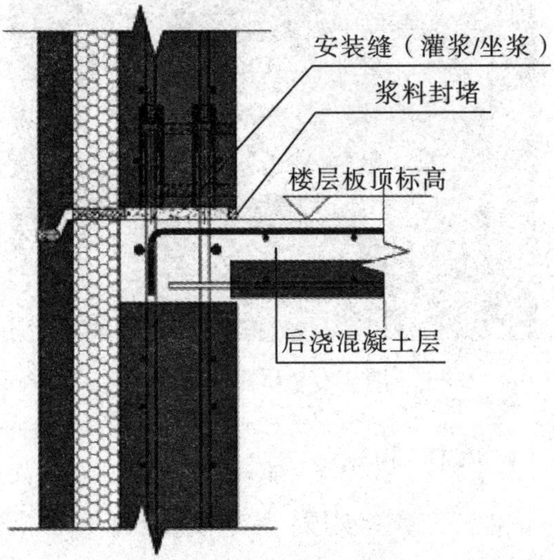

图 3-9　安装缝的密封

一、灌浆法（连通腔灌浆法）

灌浆法的工艺流程为：测量放线→钢筋调直→基层清理→洒水润湿→设置标高控制垫片→安装墙板→设置斜支撑→调节水平位置→调节垂直度→封仓→养护→灌浆。

采用灌浆填实时，套筒连接区应采用强度不低于 85MPa 的高强灌浆料，非套筒连接区（如窗下墙区域）采用强度不低于 40MPa 的灌浆料。为避免加大现场管控难度，出现不同强度浆料使用位置错误，建议套筒区和非套筒区的灌浆料采用统一强度，以减少现场实际管控难度。外侧封堵和封仓应采用封浆料。

二、坐浆法

坐浆法的工艺流程为：测量放线→钢筋调直→基层清理→洒水润湿→设置标高控制垫片→铺设坐浆料→安装定位角码→安装墙板→设置斜支撑→调节垂直度→灌浆。坐浆料应采用强度等级不低于 40MPa 的浆料。

三、优缺点分析

灌浆工艺中，需要提前使用封浆料对墙板底部四周进行封仓，由于该工艺对封仓的深度、强度都有严格的要求，因此施工难度较大，且容易出现密封不严而导致灌浆时底部漏浆的隐患。而在坐浆法工艺中，墙板安装前直接使用坐浆料铺设底部，通过抹刀修正形成中间高两边低的断面后能保证底部接缝的饱满，操作上也简单直观、便于控制。坐浆法更省工期和节约成本，但坐浆法对坐浆料的性能有特殊要求（表 3−2）。

表 3−2　优缺点分析

类别	灌浆法	坐浆法
费用	灌浆料比坐浆料单价高	用料较多但单价较低
关键点控制	封浆时需采取措施保证不进入套筒，对于结构缝或其他封堵难以施工区域，漏浆风险较大，灌浆质量难保证	需采用特殊工具保证坐浆料不进入套筒
施工质量控制	受封堵措施和浆料质量影响较大	受浆料质量和配比、界面湿润度等影响较大；浆料敷设时间应与塔吊吊装匹配；墙板调直及安装工艺应细化，否则会造成返工，且影响坐浆层密实度
时间	工序相对较多	更省工期

子任务三　后浇节点钢筋绑扎

［任务描述］

预制剪力墙后浇节点钢筋绑扎场景如图 3−10 所示。

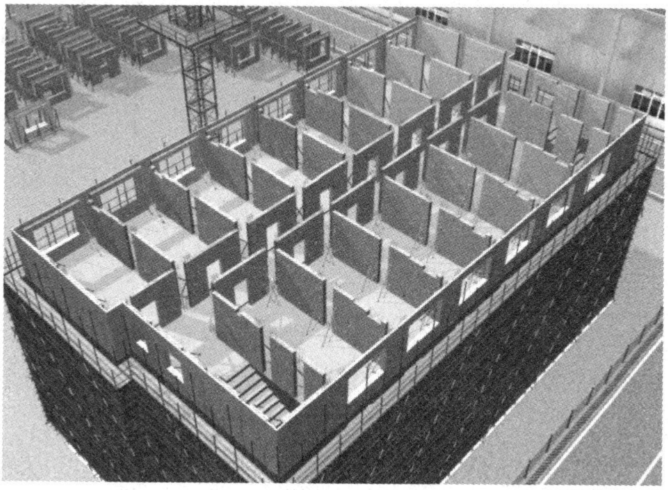

图 3−10　预制剪力墙后浇节点钢筋绑扎场景

一、钢筋绑扎节点

本任务中预制剪力墙后浇节点钢筋绑扎有 L 形、T 形和一字形，如图 3－11 至图 3－13 所示。

图 3－11　L 形节点

图 3－12　T 形节点

图 3－13　一字形节点

二、钢筋绑扎施工

现以后浇混凝土 T 形节点为例介绍钢筋绑扎施工。

（一）施工流程

现浇节点钢筋绑扎流程如图 3－14 所示。

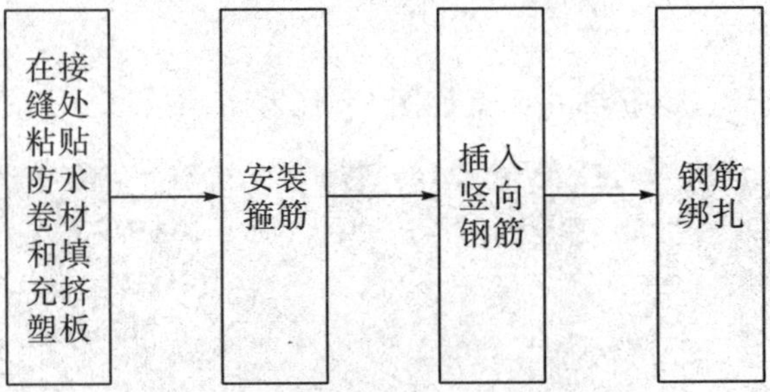

图 3－14　现浇节点钢筋绑扎流程

（二）施工工序

（1）在构件拼装完成后，测量构件之间需要塞填空间的尺寸，确保塞填的保温板能完美切合。将裁好的挤塑板条填充到两块外墙板的保温板空隙（图 3－15）。

图 3-15 填充挤塑板

(2) 使用錾子将墙根浮浆清理干净，将暗柱箍筋按照方案要求绑扎固定在预制剪力墙钢筋悬挑处的钢筋上（图 3-16）。

图 3-16 安装箍筋

(3) 从顶端插入竖向钢筋（图 3-17）。

图 3-17 插入竖向钢筋

（4）将箍筋与竖向钢筋绑扎固定（图 3－18）。

图 3－18　钢筋绑扎

（5）绑扎完成后设置保护层塑料卡子，以保证混凝土保护层厚度达到要求（图 3－19）。

图 3－19　设置保护层塑料卡子

在完成后浇混凝土节点钢筋安装绑扎后，应进行质量检查，确保钢筋的位置、数量、规格等符合设计要求和施工规范。

[知识提高]

装配式混凝土结构混凝土后浇区的钢筋安装：

（1）装配式混凝土结构后浇节点间的钢筋安装做法会受操作顺序和空间的限制而与常规做法有很大不同，须在符合相关规范要求的前提下顺应装配式混凝土结构的施工要求。

（2）装配式混凝土结构预制墙板间竖缝的钢筋安装宜采用后浇混凝土并设置封闭箍筋的形式，按图集《装配式混凝土结构连接节点构造》（G 310）中预制墙板构件竖缝附加连接钢筋做法进行作业。

如果竖向分布钢筋按搭接做法预留，封闭箍筋或附加连接（也是封闭）钢筋均无法安装，只能用开口箍筋代替。对于竖缝钢筋的这种设计，必须在制定施工方案时明确采用Ⅰ级接头机械连接做法。

子任务四 后浇节点支模

[任务描述]

在预制剪力墙后浇节点支模场景如图所示。

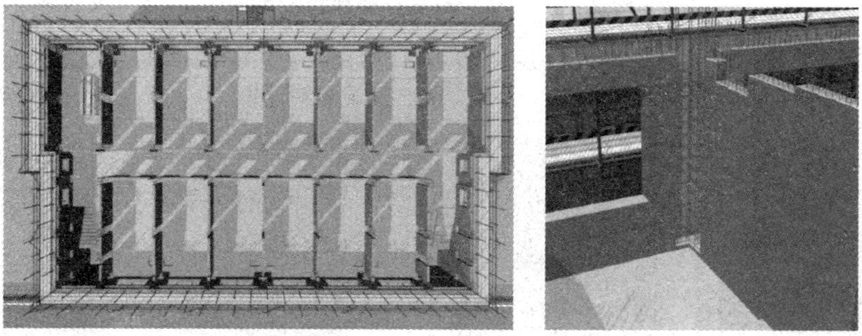

图 3-20 预制剪力墙后浇节点支模场景

一、钢筋绑扎节点

本任务中预制剪力墙后浇节点支模处同钢筋绑扎处一样，有 L 形、T 形和一字形，如图 3-21 至图 3-23 所示。

图 3-21 L 形节点

图 3-22 T 形节点

图 3-23 一字形节点

二、T 形节点模板拼装

模板按照配模图进行拼装，并放置在节点指定位置。

竖向拼装完成后，进行横向拼装；横向拼装采用销钉、销片连接。模板安装前应先在模板表面涂刷一层脱模剂，沿节点边线外侧贴宽度为 20mm 的海绵条，以保证浇筑时不会漏浆。

支模前要对后浇节点再一次进行清理，即用风机进行碎屑清理。量取距墙边 100mm 的距离，确定模板的控制线。

连接时，带转角的模板以阴角模为基准往两边连接，平面模板从左至右依序连接。

在预制墙板构件外侧安装钢制加固背楞，其规格和数量根据模板的刚度确定，使用对拉螺栓将背楞与模板进行固定。模板安装完成后要检测模板位置是否准确。

对模板的垂直度进行检测，沿高度方向吊线垂，用卷尺检查线垂与模板的水平距离，同一平面不得少于3点（上、中、下）。

T形节点模板拼装工序见表3－3。

表3－3　“T”形节点模板拼装工序

工序1　模板组装	工序2　垫块放置并找平	工序3　安装阴角模板及其两端模板	工序4　安装左侧横线和竖向模板

工序5　安装右侧横线和竖向模板	工序6　螺栓连接及安装PVC套管	工序7　套管和对拉螺栓	工序8　安装背楞及固定

三、质量控制要点

质量控制要点见表3－4。

表3－4　质量控制要点

序号	项目	允许偏差（mm）	检验方法
1	相邻面板拼缝高低差	≤0.5mm	用2m测尺和塞尺
2	相邻面板拼缝间隙	≤0.8mm	直角尺和塞尺
3	模板垂直度	≤3mm	靠尺、线锤
4	模板水平度	≤2mm	靠尺、水平尺
5	销钉、销片连接	间距≤300mm	间距根据孔距确认；连接紧固到位，无松动现象

子任务五 钢筋套筒灌浆施工

[任务描述]

预制剪力墙灌浆孔和出浆孔如图 3－24 所示。

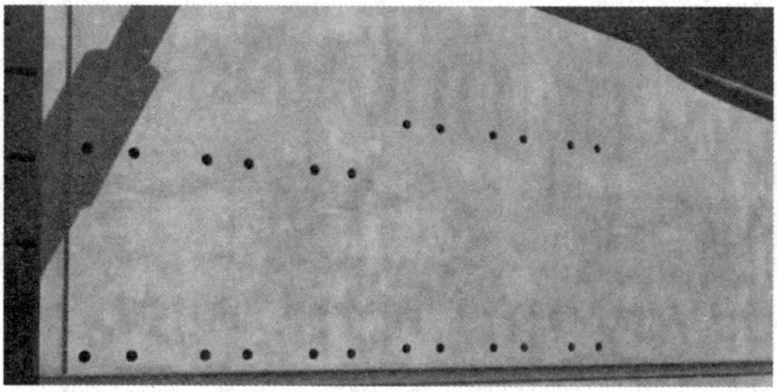

图 3－24 预制剪力墙灌浆孔和出浆孔

一、工作原理

钢筋套筒灌浆施工的工作原理：将需要连接的带肋钢筋插入金属套筒内“对接”，在套筒内注入高强、早强且有微膨胀特性的灌浆料；灌浆料在套筒施工筒壁与钢筋之间形成较大的正向应力，在带肋钢筋的粗糙表面产生较大的摩擦力，由此得以传递钢筋的轴向力。

二、灌浆施工工艺流程

灌浆施工工艺流程如图 3－25 所示。

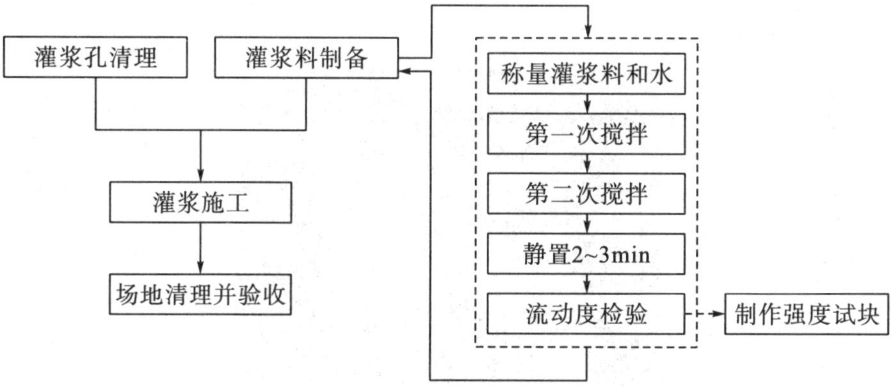

图 3－25 钢筋套筒灌浆施工工艺流程

三、施工准备

（一）灌浆用设备器具

灌浆用主要设备器具如图 3－26 所示。

图 3－26　灌浆用主要设备器具

（二）准备灌浆用材料

微膨胀灌浆料、可饮用自来水、堵头。

（三）灌浆套抗拉强度检验

墙板安装前，应核查每种套筒灌浆连接接头的型式检验报告和墙板构件生产前灌浆套筒接头工艺检验报告。同时按不超过 1000 个灌浆套筒为一批，每批随机抽取 3 个灌浆套筒制作对中连接接头试件，标养养护 28d 后，进行抗拉强度检验（图 3－27）。此项为强制性条文，不可复检。

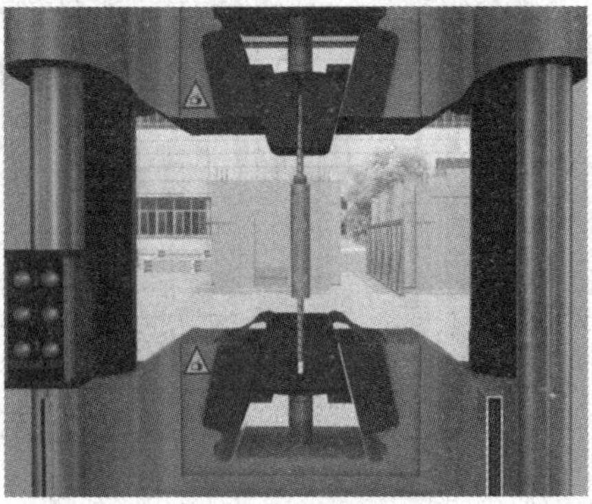

图 3－27　灌浆套抗拉强度检验

四、钢筋套筒灌浆施工工艺

（一）灌浆孔清理

在正式灌浆前，采用空气压缩机逐个检查各接头的灌浆孔和出浆孔内有无影响浆料流动的杂物，确保孔路畅通（图 3－28）。高温干燥季节应对构件与灌浆料接触的表面做湿润处理。

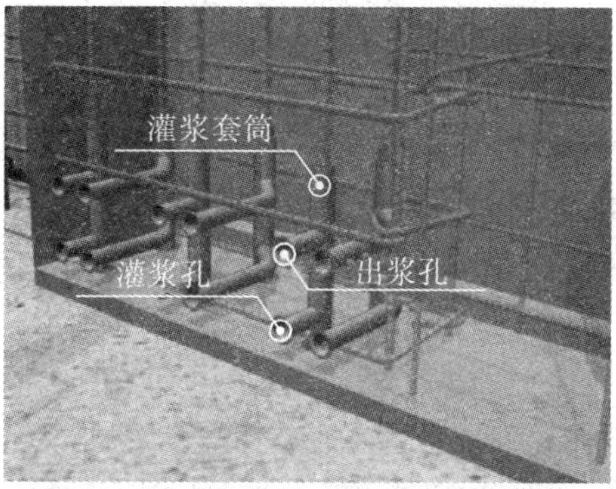

图 3－28 灌浆套筒的灌浆孔与出浆孔

（二）灌浆料制备

（1）称量高强灌浆料（图 3－29）和水：严格按本批次产品出厂检验报告要求的水料比（如 11g 水＋100g 干料，即为 11％），用电子秤分别称量高强灌浆料和水，也可用刻度量杯计量水。

图 3－29 高强灌浆料

（2）第一次搅拌：用灌浆料量杯精确加水，先将水倒入搅拌桶，然后加入约 70％料，用专用搅拌机搅拌 1～2min，要求浆料大致均匀（图 3－30）。

图 3－30　搅拌灌浆料

（3）第二次搅拌：将剩余料全部加入，再搅拌 3～4min 至彻底均匀。

（4）灌浆料搅拌均匀后，静置 2～3min，使浆内气泡自然排出（图 3－31）后再使用。

图 3－31　静置排气

（5）流动度检验：每班灌浆连接施工前进行灌浆料初始流动度检验（图 3－32），记录有关参数，流动度合格方可使用。检验流动度环境温度超过产品使用温度上限（35℃）时，须做实际可操作时间检验，保证灌浆施工时间在产品可操作时间范围内。

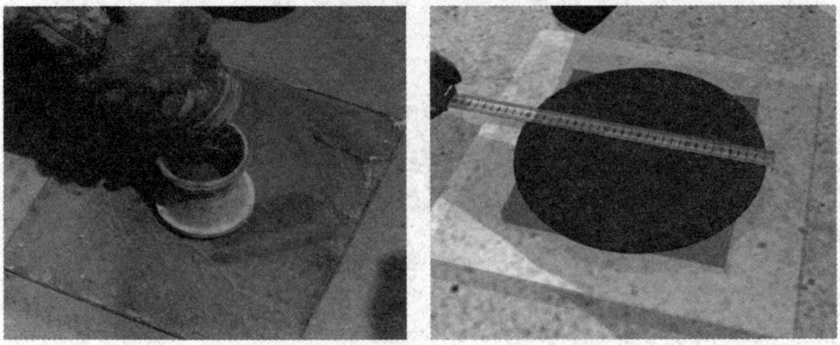

图 3－32　灌浆料流动度检验

(6) 根据需要制作灌浆料试块进行现场抗压强度检验（图 3—33）。制作灌浆料试块前浆料也需要静置 2~3min，使浆内气泡自然排出。检验试块密封后要与现场同条件养护。

图 3—33 制作灌浆料试块

（三）灌浆施工

在预制墙板校正后、预制墙板两侧现浇部分合模前进行灌浆操作。

采用专用的灌浆机进行灌浆，该灌浆机可提供一定的压力，由墙体下部中间的灌浆孔进行灌浆，灌浆料先流向墙体下部 20mm 找平层。当找平层灌浆注满后，灌浆料向上灌注，由上部排气孔溢出，随即用塞子进行封堵（图 3—34）。

图 3—34 灌浆孔与出浆孔封堵

该墙体所有孔洞均溢出浆料后，视为灌浆完成。

灌浆施工时环境温度应在 5℃以上，必要时，应对连接处采取保温加热措施，保证浆料在 48h 凝结硬化过程中连接部位的温度不低于 10℃。

灌浆作业应及时形成施工质量检查记录表和影像资料。

（四）场地清理并验收

灌浆完毕后立即清洗搅拌机、搅拌桶、灌浆筒等器具，以免灌浆料凝固后清理困难。每灌注完成一筒后均需清洗灌浆筒一次，清洗完毕后方可再次使用。所以，在每个班组灌浆操作时须准备至少三组灌浆筒，其中一组备用。

灌浆作业完成后 12h 内，构件和灌浆连接接头不应受到振动或冲击。

填写灌浆现场施工记录，进行场地清理并验收。

五、灌浆质量控制

（1）对灌浆处进行编号，如按照某栋某层某户某间房墙板号进行编号。

（2）必须按灌浆料使用说明书进行灌浆料调配，按灌浆套筒技术交底资料进行灌浆作业。

（3）灌浆操作时应有监理旁站，对操作过程进行拍照录像，做好灌浆记录，三方签字确认，确保质量可追溯。

（4）及时填写套筒灌浆施工记录表、预留钢筋及灌浆现场检查记录。

子任务六　预制叠合楼板的吊装

[任务描述]

预制叠合楼板吊装场景如图 3－35 所示。

图 3－35　预制叠合楼板吊装场景

一、预制叠合楼板吊装流程

预制叠合楼板吊装流程如图 3－36 所示。

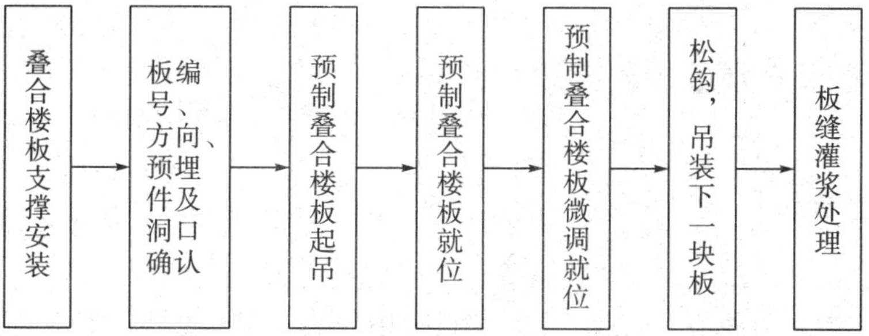

图 3－36 预制叠合楼板吊装流程

二、吊装准备工作

（1）预制叠合楼板进工地需先行检查是否破损缺角及水电管预埋是否正确。

（2）预制叠合楼板吊装前应先安装临时支撑架，支撑架需先行检查是否安全稳固，高程是否正确。

（3）预制叠合楼板吊装前需检查、标记安装方向及编号（图 3－37）。

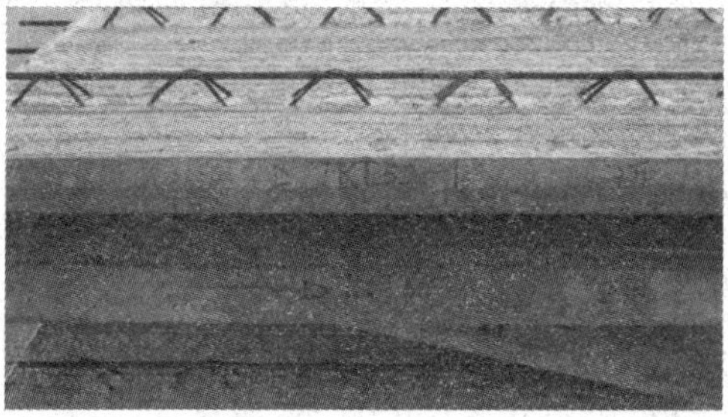

图 3－37 预制叠合楼板标记安装方向及编号

（4）预制叠合楼板吊装前应备妥所需的机具和材料，如支撑架、方木、泡棉条、平衡吊架、起吊工具、氧气乙炔等（图 3－38）。其中相关测量计算机具设备应安装规范，按要求计量检定，使用前检查其检定合格证明，并在有效期内。

图 3－38 所需的机具和材料

三、预制叠合楼板吊装施工工序

（一）叠合楼板支撑安装

根据设计图纸，跨度较大的预制叠合楼板应按方案设支撑（图 3－39），防止浇筑完成后跨中产生较大的挠度变形。支撑架搭设前应清理平台杂物，保证支撑架底平整。架体顶部设可调托座，确保托座螺栓高度不超过螺杆高度的 2/3，方便调节板底高程。

图 3－39　预制叠合楼板设支撑

（二）板编号、方向、预埋件及洞口确认

进场时做需外观质量、板厚及保护层、板出筋及 K 支架钢筋确认（图 3－40）。吊装前需做钢筋、洞口位置、方向、编号品检。

图 3－40　板出筋及 K 支架钢筋确认

（三）预制叠合楼板起吊

预制叠合楼板起吊时应检查板底是否有裂缝等缺陷，吊装顺序应按设计要求行，避免无序作业产生风险，降低施工效率。

因预制叠合楼板较大，为避免吊装时板片受力不均影响板结构，应使用预制板吊架进行吊装（图 3－41）。当任一边长度大于 2.5m 时，应以 6 点起吊吊装（图 3－42），具体吊点位置应满足设计要求。

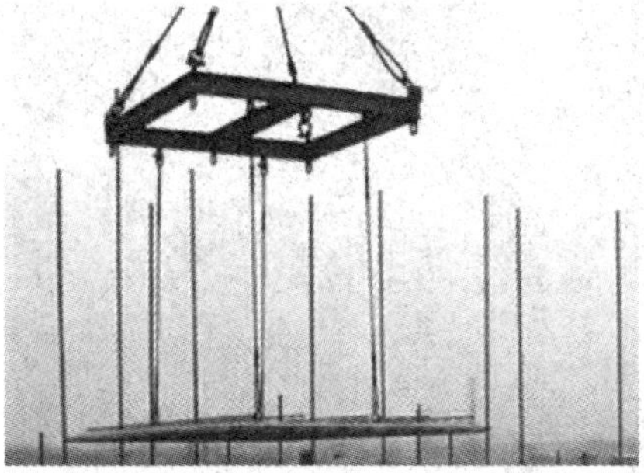

图 3-41 预制板吊架吊装

图 3-42 6 点起吊吊装

（四）预制叠合板就位

预制叠合板就位（图 3-43）后，对板在预制墙板上的搭接宽度进行检查确认，对不符合要求的应及时调整位置，保证预制叠合楼板搭接可靠，不出现较宽缝隙。为防止浇筑完成后跨中产生较大的挠度变形，在板就位安装时同步调整板底支撑高度，以满足设计的预制板预起拱要求。

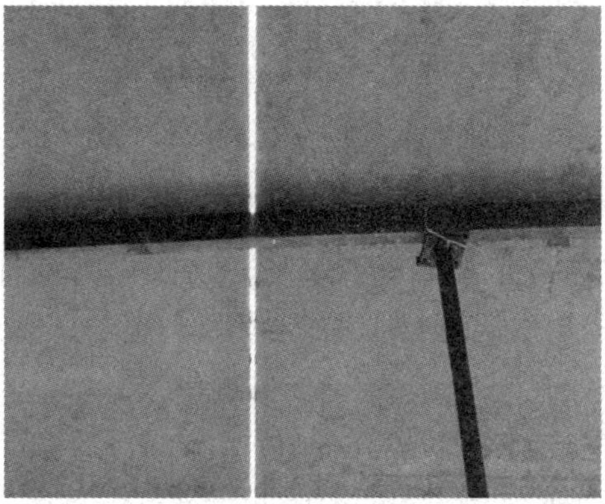

图 3-43 预制叠合楼板就位

（五）预制叠合楼板微调就位

预制叠合楼板吊装安成后，应对安装位置、安装标高进行校核与调整，并对相邻预制构件平整度、高低差、拼缝尺寸进行校核与调整。当检查确认预制板叠合楼板安装无误后可松开吊钩，准备吊装下一块构件。

（六）板缝灌浆处理

当板与板的缝隙宽度较小（≤5mm）时，可直接塞入泡棉条（8mm）之后灌无收缩砂浆（图 3-44）；当板与板的缝隙宽度较大时，应在板底加方木做封缝处理（图 3-45），再灌无收缩砂浆，以避免浇置混凝土时漏浆污染。在绑扎楼面钢筋时，做板缝加强筋处理（图 3-46）。

图 3－44　灌无收缩砂浆

图 3－45　板底加方木做封缝处理

图 3－46　板缝加强筋

板缝处理完毕后即完成了预制叠合楼板的安装。待楼面水电预埋和钢筋绑扎（图 3－47）完毕即可浇筑上层混凝土，完成本楼层的施工。

图 3－47　楼面水电预埋和钢筋绑扎

［**知识提高**］

楼板钢筋工艺流程：安放板底钢筋保护层垫块→架空安装楼面钢筋→安装板负筋（若为双层钢筋则为上层钢筋）并设置马镫→设置板厚度模块→自检、互检、交接检→报监理验收。

子任务七 后浇混凝土施工

[任务描述]

后浇混凝土施工如图 3-48 所示。

图 3-48 后浇混凝土施工

一、后浇混凝土施工工艺流程

后浇混凝土施工工艺流程如图 3-49 所示。

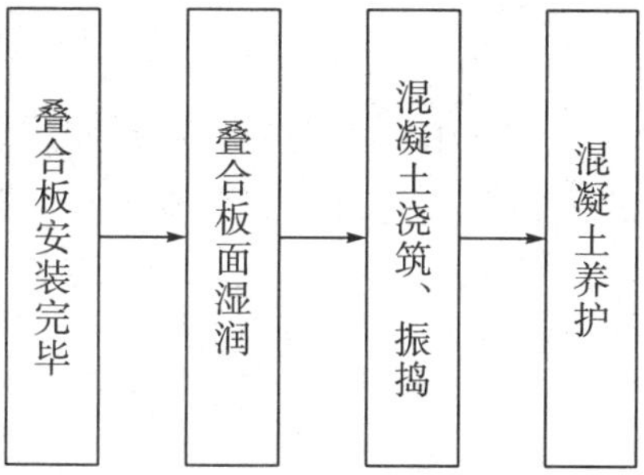

图 3-49 后浇混凝土施工工艺流程

二、施工准备

(1) 混凝土浇筑前，检查和控制模板、钢筋、保护层及预埋件等的尺寸（图 3-50）、规格、数量和位置，其偏差值应符合现行国家质量验收评定标准的规定。

图 3-50　尺寸检查

（2）检查模板支撑的稳定性和模板接缝的密合情况。

（3）后浇混凝土浇筑前，应进行所有隐蔽项目的现场检查与验收。监理工程师、建设单位工程师复检合格后，方可进行浇筑。

（4）准备振动器等机具设备，所有机具在浇筑前需进行检查和试运转，并配备专职技工随时检修。

三、后浇混凝土施工工艺

（一）叠合板安装完毕

叠合板安装完毕后，对于装配式混凝土结构的墙板间边缘构件，竖缝位置后浇混凝土带的浇筑，应该与水平构件的混凝土叠合层以及按设计非预制而必须现浇的结构区域同步进行。

（二）叠合板面湿润

叠合板面浇筑前，应清理干净板面垃圾，并安排专人洒水（图 3-51），充分湿润后才能浇筑施工。

图 3-51　叠合板面浇筑前洒水

（三）混凝土浇筑、振捣

根据楼板标高控制线控制板厚。一般选择一个单元作为一个施工段，按照先竖向后水平的顺序浇筑施工（图 3－52）。这样的施工安排就能通过后浇混凝土使竖向构件和水平构件形成整体。

连接接缝处混凝土应连续浇筑，竖向连接接缝可逐层浇筑，混凝土分层浇筑高度应符合现行规范要求；浇筑时，应采取保证混凝土浇筑密实的措施；同一连接接缝的混凝土应连续浇筑，并应在底层混凝土初凝之前将上一层混凝土浇筑完毕；预制构件连接节点和连接接缝部位的混凝土应加密振捣点（图 3－53），并适当延长振捣时间。

图 3－52 混凝土浇筑施工

图 3－53 混凝土振捣

预制构件连接处混凝土浇筑和振捣时，应对模板和支架进行观察及维护，发生异常情况应及时进行处理；构件接缝处混凝土浇筑和振捣时，应采取措施防止模板、连接构件、钢筋、预埋件及其定位件的移位。

（四）混凝土养护

混凝土浇筑完毕后，应按施工技术方案要求及时采取有效的养护措施，并应符合下列规定：

（1）应在浇筑完毕后的 12h 以内对混凝土加以覆盖并养护（图 3－54）。

图 3－54 混凝土养护

（2）浇水次数应使混凝土能够保持湿润状态；采用塑料薄膜覆盖养护的混凝土，其敞露的全部表面应覆盖严密，并应保持塑料薄膜内有凝结水；混凝土表面不便浇水或使用塑料布时，宜涂刷养护剂。

（3）对于采用硅酸盐水泥、普通硅酸盐水泥或矿渣硅酸盐水泥拌制的混凝土，养护时间不得少于 7d，对掺用缓凝型外加剂或有抗渗要求的混凝土，养护时间不应少于 14d。当掺用其他品种水泥时，混凝土的养护时间应根据所采用水泥的技术性能确定。

（4）大体积混凝土的养护，应根据气候条件按施工技术方案采取控温措施。

（5）混凝土强度达到 1.2MPa 前，不得在其上踩踏或安装模板及支架。

（6）气温低于 5℃时，不得浇水。

［**知识提高**］

喷涂混凝土养护剂是混凝土养护的一种新工艺，混凝土养护剂是高分子材料，喷洒在混凝土表面后固化，形成一层致密的薄膜，使混凝土表面与空气隔绝，大幅度降低水分从混凝土表面蒸发的损失。

同时，可与混凝土浅层游离氢氧化钙作用，在渗透层内形成致密、坚硬表层，从而利用混凝土中自身的水分最大限度地完成水化作用，达到混凝土自养的目的。用养护剂的作用是保护混凝土，因为混凝土硬化过程表面失水，会产生收缩导致裂缝，即塑性收缩裂缝；在混凝土终凝前，无法洒水养护，使用养护剂是较好的选择。对于装配整体式混凝土结构竖向构件接缝处的后浇混凝土带，洒水保湿比较困难，采用养护剂保护是可行的选择。

子任务八　预制楼梯的吊装

［**任务描述**］

预制楼梯吊装场景如图 3－55 所示。

图 3－55　预制楼梯吊装场景

一、预制楼梯吊装流程

预制楼梯吊装流程如图 3-56 所示。

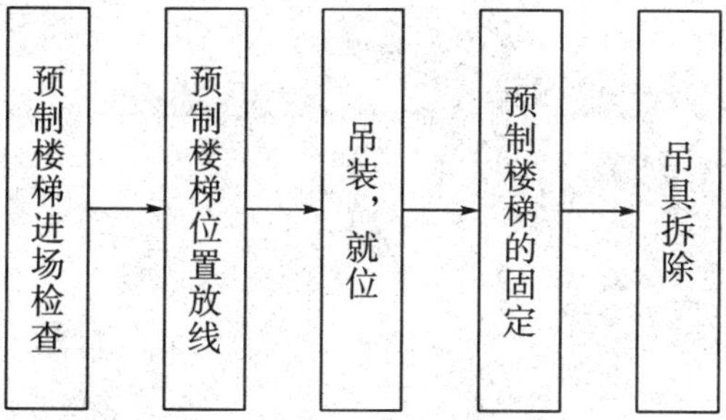

图 3-56　预制楼梯吊装流程

二、准备工作

（1）预制楼梯进场后根据构件标号和吊装计划的吊装序号，在构件上标注出序号，并在图纸上标出序号位置，这样可直观表示出构件位置，便于吊装工指挥操作，减少误吊概率。

（2）检查梯段的预制时间和质量合格文件，以确认其强度满足规范要求。

（3）预制楼梯构件吊装前下部支撑体系必须完成，吊装前在楼梯洞口外的板面放样楼梯上、下梯段板控制线，在楼梯平台上划出安装位置（左右、前后控制线），在墙面上划出标高控制线，便于楼梯就位，确保楼梯安装后标高和位置符合设计要求。

（4）复测预制楼梯的几何尺寸（图 3-57）、截面尺寸、预留孔直径以及孔距，以此校核现场预留钢筋的平面间距、梯段斜向间距、休息平台现预留切口的尺寸等，确认现浇构件的强度已达 100％。

图 3-57　复测预制楼梯的几何尺寸

（5）机具及材料（图 3—58）准备。

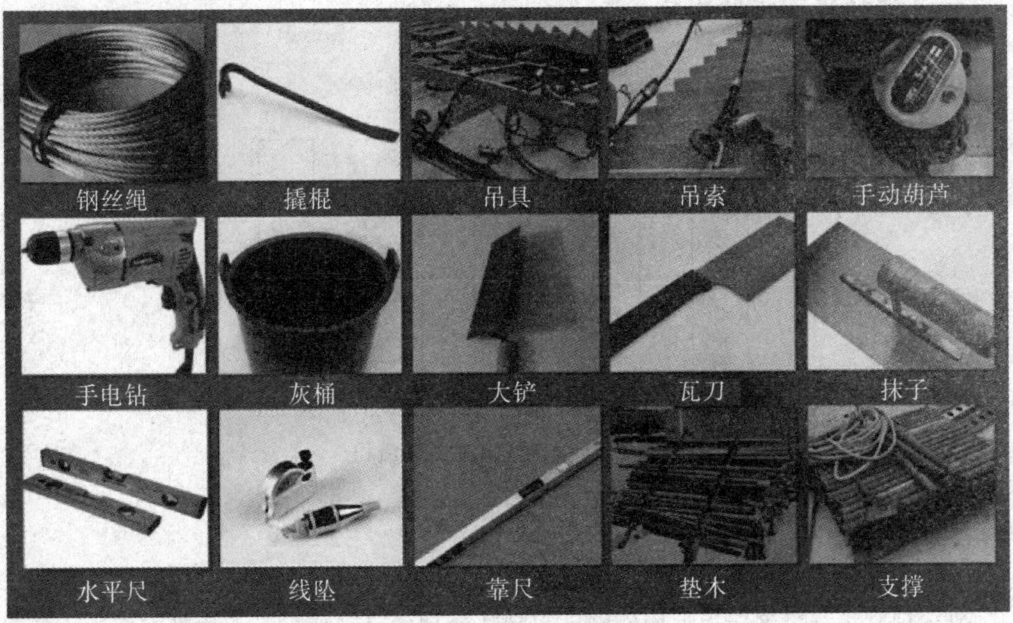

图 3—58 机具及材料

三、预制楼梯施工工艺

（一）预制楼梯进场检查

起吊前检查吊索具，确保其保持正常工作性能。当吊具螺栓出现裂纹、部分螺纹损坏时，应立即进行更换，同时保证施工三次更换一次吊具螺栓，确保吊装安全。检查吊具与预制楼梯的四个预埋吊环是否扣牢，确保无误后方可缓慢起吊。

（二）预制楼梯位置放线

检查核对构件编号，确定安装位置，弹出楼梯安装控制线（图 3—59），对控制线及标高进行复核。

楼梯侧面距结构墙体预留 30mm 空隙，为后续初装的抹灰层预留空间；梯井之间根据楼梯栏杆安装要求预留 40mm 空隙。在楼梯段上、下口梯梁处铺 20mm 厚水泥砂浆并找平（图 3—60），找平层灰饼标高要控制准确。

图 3—59 弹出楼梯安装控制线

图 3—60 在梯梁处铺设水泥砂浆并找平

（三）吊装，就位

预制楼梯采用水平吊装（图 3—61），用螺栓将通用吊耳与楼梯板预埋吊装内螺母连接，起吊前检查卸扣卡环，确认牢固后方可继续缓慢起吊。调整索具铁链长度，使楼梯段休息平台处于水平位置，试吊预制楼梯板，检查吊点位置是否准确、吊索受力是否均匀；试起吊高度不应超过 1m。

图 3—61 预制楼梯吊装

楼梯吊至梁上方 30～50cm 后，调整楼梯位置（图 3—62），使梯板边线基本与控制线吻合。就位时要求缓慢操作，严禁快速猛放，以免造成楼梯板受震动而损坏。楼梯板基本就位后，根据控制线，利用撬棍微调、校正（图 3—63），先保证楼梯两侧准确就位，再使用水平尺和倒链调节楼梯水平。

图 3—62 调整楼梯位置

图 3—63 利用撬棍微调、校正

（四）预制楼梯的固定

按照预制楼梯设计安装构造要求，应先进行固定铰端施工（图 3－64），再进行滑动铰端施工（图 3－65）。当楼梯采用销键预留洞与梯梁连接的做法时，为满足固定铰端节点做法要求，可采用焊接连接等可靠连接方式。在楼梯销件预留扎封闭前对楼梯梯段板进行验收。

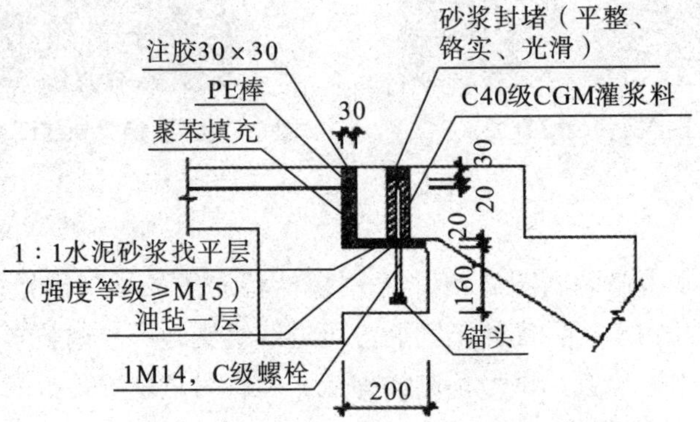

图 3－64　预制楼梯固定绞端安装节点图示

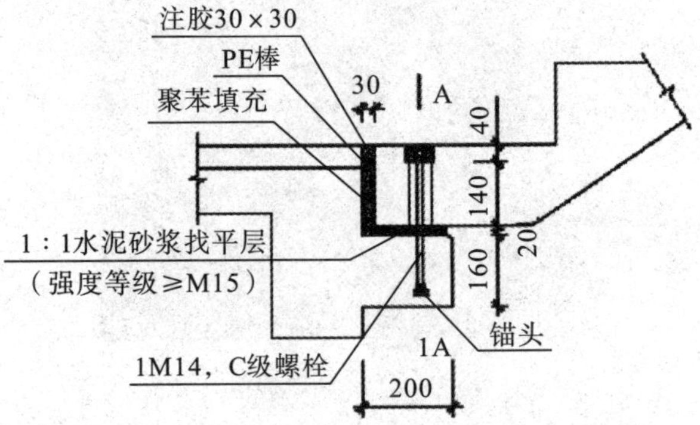

图 3－65　预制楼梯滑动铰端安装节点图示

预制楼梯段安装施工过程中及装配后应做好成品保护（图 3－66），成品保护可采取包、裹、盖、遮等有效措施，防止构件被撞击损伤和污染。

图 3－66　预制楼梯成品保护

子任务九 外墙接缝构造施工

[任务描述]

外墙接缝构造施工如图 3-67 所示。

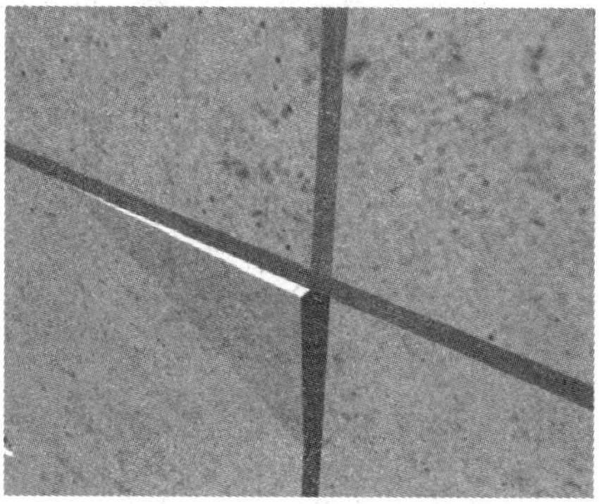

图 3-67 外墙接缝构造施工

一、接缝材料

预制构件的接缝材料分为主材和辅材两部分，辅材根据选用的主材确定。主材密封胶是一种可追随密封面形状而变形，不易流淌，有一定黏结性的密封材料。预制混凝土构件接缝使用建筑密封胶，按其组成大致可分为聚硫橡胶、氯丁橡胶、丙烯酸、聚氨酯、丁基橡胶、硅橡胶、橡塑复合型、热塑性弹性体等多种。预制混凝土构件接缝材料的要求可参照《装配式混凝土结构技术规程》(JGJ 1—2014) 执行，具体要求如下：

(1) 接缝材料应与混凝土具有相容性，具备规定的抗剪切和伸缩变形能力；接缝材料应具有防霉、防水、防火、耐候等性能。

(2) 硅酮、聚氨酯、聚硫建筑密封胶应分别符合国家现行标准《硅酮建筑密封胶》《聚氨酯建筑密封胶》《聚硫建筑密封胶》的规定。

(3) 夹心外墙板接缝处填充用保温材料的燃烧性能应满足国家标准《建筑材料及制品燃烧性能分级》中 A 级的要求。

二、接缝构造要求

预制外墙板接缝采用材料防水时，必须用防水性能可靠的嵌缝材料。板缝宽度不宜大于 20mm，材料防水的嵌缝深度不得小于 20mm。对于普通嵌缝材料，在嵌缝材料外侧应勾水泥砂浆保护层，其厚度不得小于 15mm；对于高档嵌缝材料，其外侧可不做保护层。预制外墙板接缝的材料防水还应符合下列要求：

(1) 外墙板接缝宽度设计应满足在热胀冷缩及风荷载、地震作用等外界环境的影响下，其尺寸变形不会导致密封胶破裂或剥离破坏。

（2）外墙板接缝宽度不应小于 10mm，一般设计宜控制在 10～35mm；接缝胶深度一般在 8～15mm。

（3）外墙板的接缝形式可分为水平缝和垂直缝两种。

（4）普通多层建筑预制外墙板接缝宜采用一道防水构造做法。

（5）高层建筑、多雨地区的预制外墙板接缝防水宜采用两道密封防水构造的做法，即在外部密封胶防水的基础上，增设一道发泡氯丁橡胶密封防水构造。

三、接缝嵌缝施工流程

接缝嵌缝施工流程如图 3－68 所示。

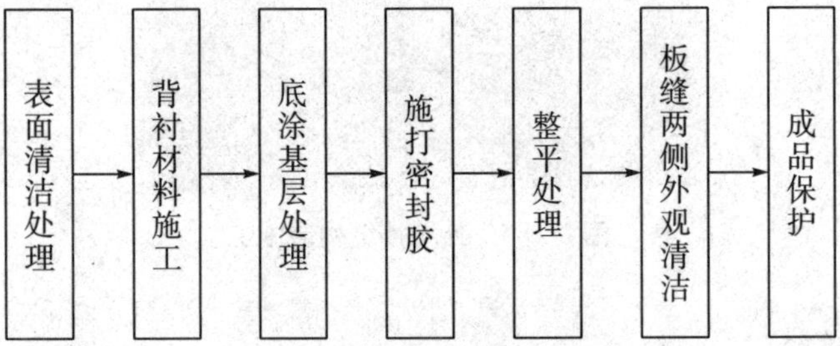

图 3－68　接缝嵌缝施工流程

其主要工序的施工说明如下：

（一）表面清洁处理

外墙板缝表面应清洁至无尘、无污染物的状态。如果安装时角度存在偏差，将错台处高出部分用角向磨光机打磨掉（图 3－69）。

图 3－69　表面清洁处理

（二）背衬材料施工

密封胶施打前应事先用背衬材料填充过深的板缝（图 3－70），避免浪费密封胶，同时避免密封胶黏结，影响性能发挥。吊装时用木柄压实、整平。注意吊装衬底材料的埋置深度，以在外板面以下 10mm 左右为宜。

图 3-70 背衬材料填充

（三）底涂基层处理

为使密封胶与基层更有效黏结，施打前可先在接缝周围粘贴美纹纸，用专用的配套底涂料涂刷一道作基层处理（图 3-71）。

图 3-71 涂刷底涂料

（四）施打密封胶

密封胶采用专用的手动挤压胶枪施打（图 3-72）。将密封胶装配到手压式胶枪内，胶嘴口径尺寸与接缝尺寸相符，以便在挤胶时能控制在接缝内形成压力，避免带入空气。另外，施打密封胶时，应顺缝从下向上推，不要让密封胶在胶嘴堆积成珠或成堆。施打后的封胶应完全填充接缝。

图 3-72 施打密封胶

（五）整平处理

密封胶施打完成后立即进行整平处理，使用专用的圆形刮刀从上到下顺缝刮平。其目的是整平密封胶外观，通过刮压使密封胶与板缝基面接触更充分。

（六）板缝两侧外观清洁

若密封胶在施打时溢出到两侧的外墙板，应及时清除干净，以免影响外观质量。

（七）成品保护

完成接缝表面封胶后方可采取相应的成品保护措施。

四、接缝嵌缝施工注意事项

根据接缝设计的构造及使用嵌缝材料的不同，其处理方式也存在一定的差异，常用接缝连接构造的施工要点如下：

（1）外墙板接缝防水工程应由专业人员进行施工，橡胶条通常是预制构件出厂时预嵌在混凝土墙板的凹槽内，以保证外墙的防排水质量。在现场施工过程中，预制构件调整就位后，通过安装在相邻两块预制外墙板的橡胶条相互挤压达到防水效果。

（2）预制构件外侧通过施打结构性密封胶来实现防水构造。密封防水胶封堵前，侧壁应清理干净，保持干燥，事先应对嵌缝材料的性能质量进行检查。嵌缝材料应与墙板黏结牢固。

（3）预制构件连接缝施工完成后应进行外观质量检查，并应满足国家或地方相关建筑外墙防水工程技术规范的要求，必要时应进行喷淋试验。

【思考题】

一、填空题

1. 预制构件运至施工现场时需进行检查，检查内容包括________和________检查两个方面。外观检查一般通过________，几何尺寸检查一般采用________。

2. 吊装施工准备中，采用水准仪，根据施工图纸地面和墙板尺寸，放置________找平。垫块高度不宜大于________mm，并且浇筑前采用________进行插筋校准，浇筑后进行插筋复检，并清理水泥浆及铁锈等，插筋位置应符合图纸要求。外墙吊装时，需安装________。

3. 墙体吊装中，吊索与构件水平方向夹角________，在墙板下方两侧伸出水平封闭钢筋的位置安装________。构件起吊时，先行试吊。试吊高度不得________。

4. 墙板就位后，立即安装长、短斜支撑，支撑安装后，释放吊钩。短斜支撑调整________，长斜支撑调整________，采用________测量垂直度与相邻墙板的平整度，垂直度要进行________次测量。

5. 后浇节点钢筋绑扎完成后，设置保护层________，以保证混凝土保护层厚度达到要求。

6. 后浇节点支模，安装模板前应先在模板表面涂刷一层________，沿节点边线外侧贴宽度为________mm 的海绵条，以保证浇筑时不会漏浆。

7. 灌浆料制备，第一次搅拌：用灌浆料量杯精确加水，先将水倒入搅拌桶，然后加入约________%料，用专用搅拌机搅拌 1～2min，要求浆料大致均匀。第二次搅拌：将剩余料全部加入，再搅拌 3～4min 至彻底均匀。搅拌均匀后，静置________________ min，使浆内气泡自然排出后再使用。

8. 根据设计图纸，跨度较大的预制板应按方案设支撑，防止浇筑完成后跨中产生较大的挠度变形。架体顶部设________，确保托座螺栓不超过螺杆________高度，方便调节板底高程。

9. 混凝土浇筑、振捣，根据楼板标高控制线控制板厚。一般选择一个单元作为一个施工段，按照________、________的顺序浇筑施工。

10. 混凝土浇筑完毕后，应在浇筑完毕后的________h 以内对混凝土加以覆盖并养护。

11. 楼梯侧面距结构墙体预留________mm 空隙，为后续初装的抹灰层预留空间；梯井之间根据楼梯栏杆安装要求预留________mm 空隙。在楼梯段上、下口梯梁处铺________mm 厚水泥砂浆找平，找平层灰饼标高要控制准确。

12. 按照预制楼梯设计安装构造要求，应先进行________，再进行________。

13. 预制外墙板接缝采用材料防水时，必须用防水性能可靠的嵌缝材料。对于普通嵌缝材料，在嵌缝材料外侧应勾________，其厚度不得小于________mm；对于高档嵌缝材料，其外侧________。

二、简答题

1. 通过目测对全部构件进行进场验收时的主要检查项目有哪些。

2. 简述钢筋套筒灌浆连接的工作原理。

3. 简述板缝灌浆处理方式。

任务二　装配整体式框架结构吊装和连接

【工作情境】

该工程为浙江省某中学宿舍楼工程，建筑面积为 2992.6m^2。该工程地上 6 层，地下 1 层，建筑高度为 21.6m，属于多层学校建筑。

该工程抗震设防烈度为 6 度，抗震设防类别为重点设防类。该建筑的结构安全等级为一级，设计使用年限为 50 年，结构抗震等级为三级。

该工程采用装配整体式框架结构体系，预制构件包括叠合楼板、预制楼梯、叠合梁、预制框架柱。该项目的预制构件吊装前已到达现场并按要求进行了堆放，请根据工作需要提前了解预制构件的施工工艺，为后续装配整体式框架结构中构件的吊装和连接做准备。

子任务一 装配整体式框架结构施工

[任务描述]

一、装配整体式框架结构的施工流程

装配整体式框架结构施工流程如图 3-73 所示。

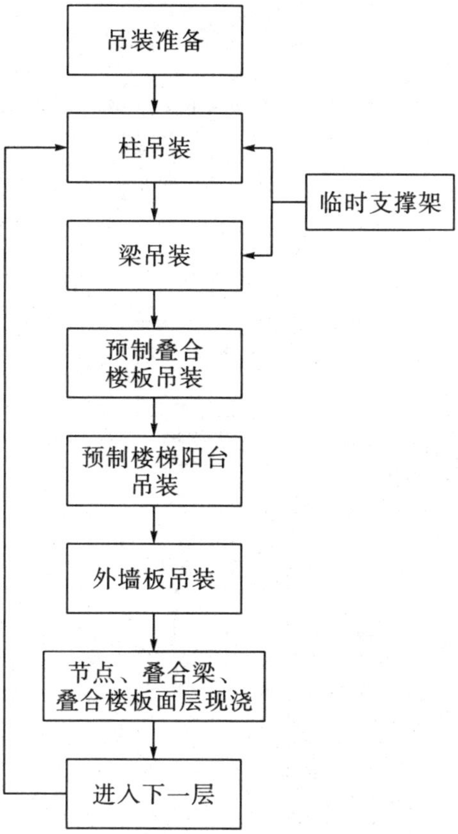

图 3-73 装配整体式框架结构施工流程

装配整体式框架结构与剪力墙结构施工工艺流程如图 3-74 所示。装配整体式剪力墙结构吊装与连接中，已经讲解了预制楼板、预制楼梯、钢筋套筒灌浆施工等施工工艺，本任务将不再讲解。

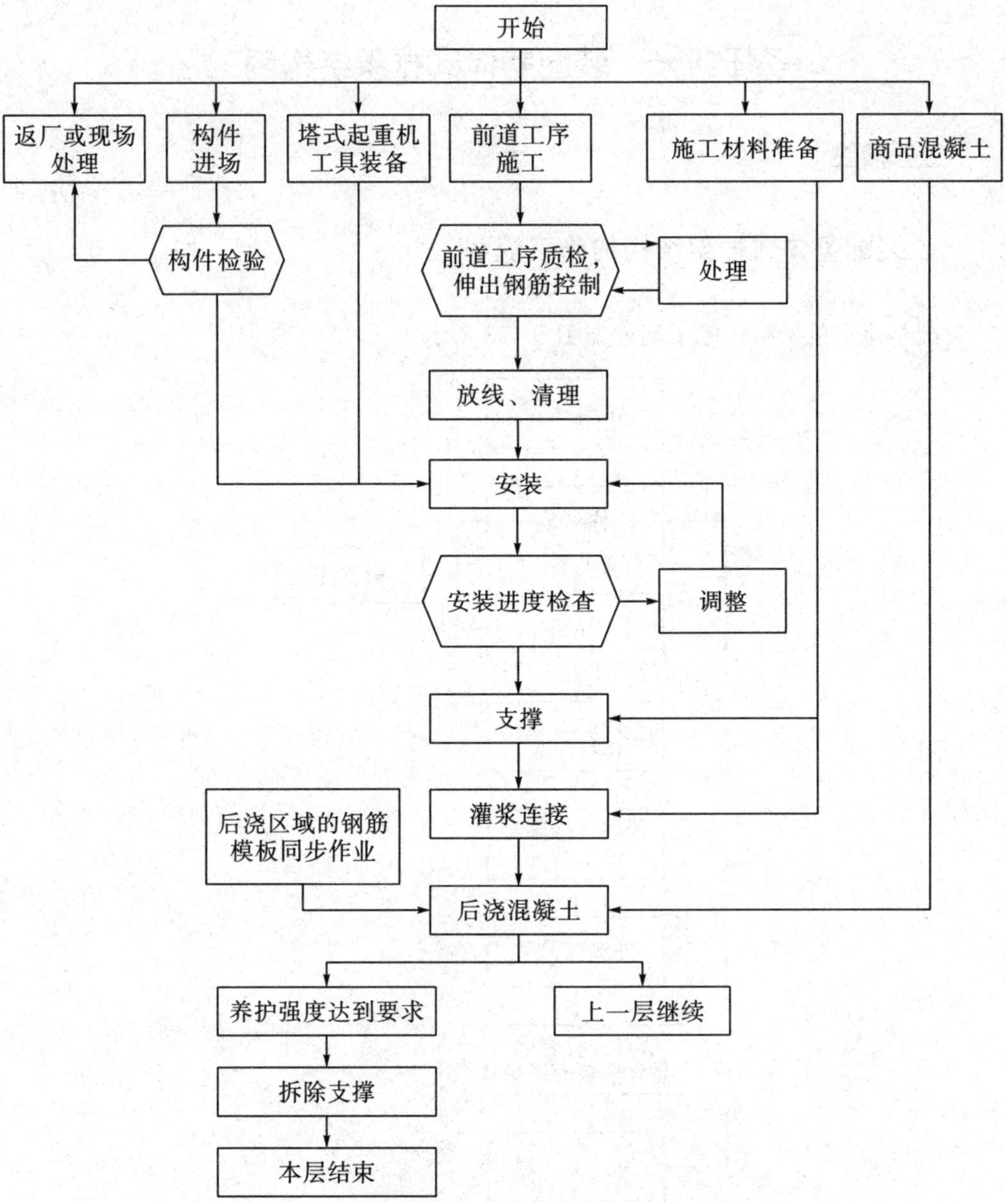

图 3-74 装配式框架结构和剪力墙结构施工工艺流程

二、节点现浇连接的种类

（1）梁-柱的连接：分为干式连接和湿式连接。干式连接是指牛腿连接、榫式连接、钢板连接、螺栓连接、焊接连接、企口连接、机械套筒连接等，湿式连接是指现浇连接、浆锚连接、预应力技术的整浇连接、普通后浇整体式连接、灌浆拼装等。

（2）叠合楼板-叠合楼板的连接：分为干式连接和湿式连接。干式连接是指预制楼板与预制楼板之间设调整缝，湿式连接是指预制楼板与预制楼板之间设后浇带。

(3) 叠合楼板-梁（或叠合梁）的连接：采用板端与梁边搭接，板边预留钢筋，叠合层整体浇筑。

(4) 预制墙板与主体结构的连接：分为外挂式连接和侧连式连接。外挂式连接是指预制外墙上部与梁连接，侧边和底边作限位连接；侧连式连接是指预制外墙上部与梁连接，墙侧边与柱或剪力墙连接，墙底边与梁仅作限位连接。

(5) 预制剪力墙与预制剪力墙的连接：采用浆锚连接、灌浆套筒连接等方式。

(6) 预制阳台-梁（或叠合梁）的连接：采用阳台预留钢筋与梁整体浇筑的方式。

(7) 预制楼梯与主体结构的连接：采用一端设置固定铰，另一端设置滑动铰的方式。

(8) 预制空调板-梁（或叠合梁）的连接：采用预制空调板预留钢筋与梁整体浇筑的方式。

子任务二 预制柱的吊装

[任务描述]

预制柱吊装场景和预制柱吊装节点分别如图 3-75、图 3-76。

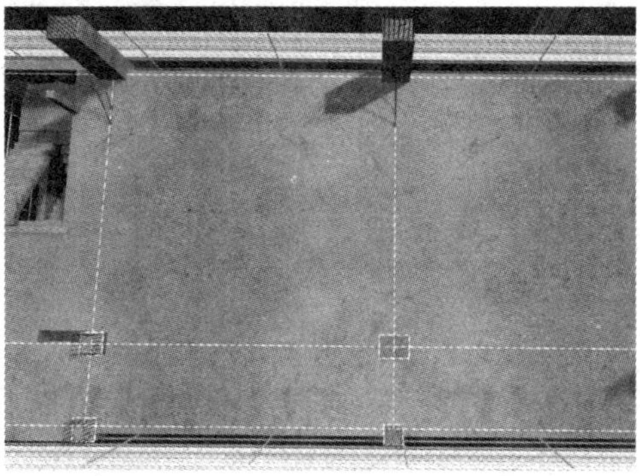

图 3-75 预制柱吊装场景

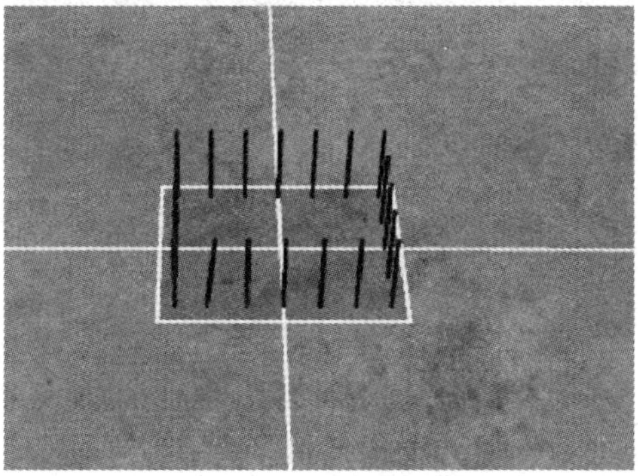

图 3-76 预制柱吊装节点

一、预制柱吊装流程

预制柱吊装流程如图 3-77 所示。首先，预制柱吊装前应做好外观质量、钢筋垂直度检查和注浆孔清理等准备工作，就绪后，应对柱吊装位置进行标高复核与调整；其次，进行预制柱吊装和精度调整；最后，锁定斜撑位置，并送吊车的吊钩进入下一根立柱的吊装施工，如此循环往复。值得注意的是，预制柱和后续的预制梁吊装存在着密切的关系，吊装时应注意两者之间的协调施工。

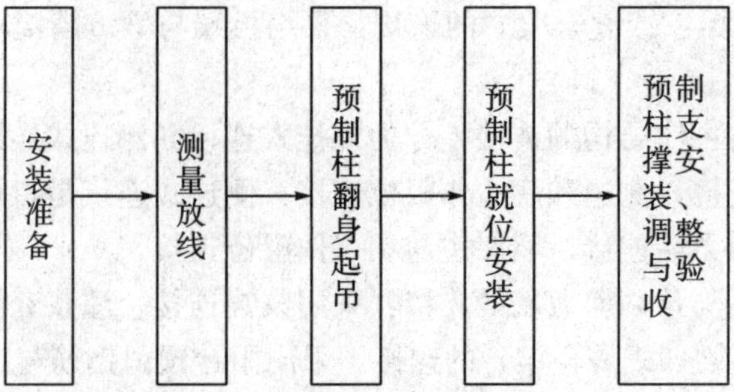

图 3－77　预制柱吊装流程

二、安装准备

（1）柱续接下层钢筋位置、高程复核（图 3－78），底部混凝土面清理干净（图 3－79），预制柱吊装位置测量放样及弹线。

图 3－78　高程复核

图 3－79　底部清理

（2）吊装前应对预制柱进行外观质量检查，尤其要对主筋续接套筒质量进行检查及预制柱预留孔内部的清理。

（3）吊装前应备齐安装所需的设备和器具（图 3－80）。铁垫片安装时应考虑完成预制柱吊装后预制柱的稳定性并以垂直度可调为原则（图 3－81）。

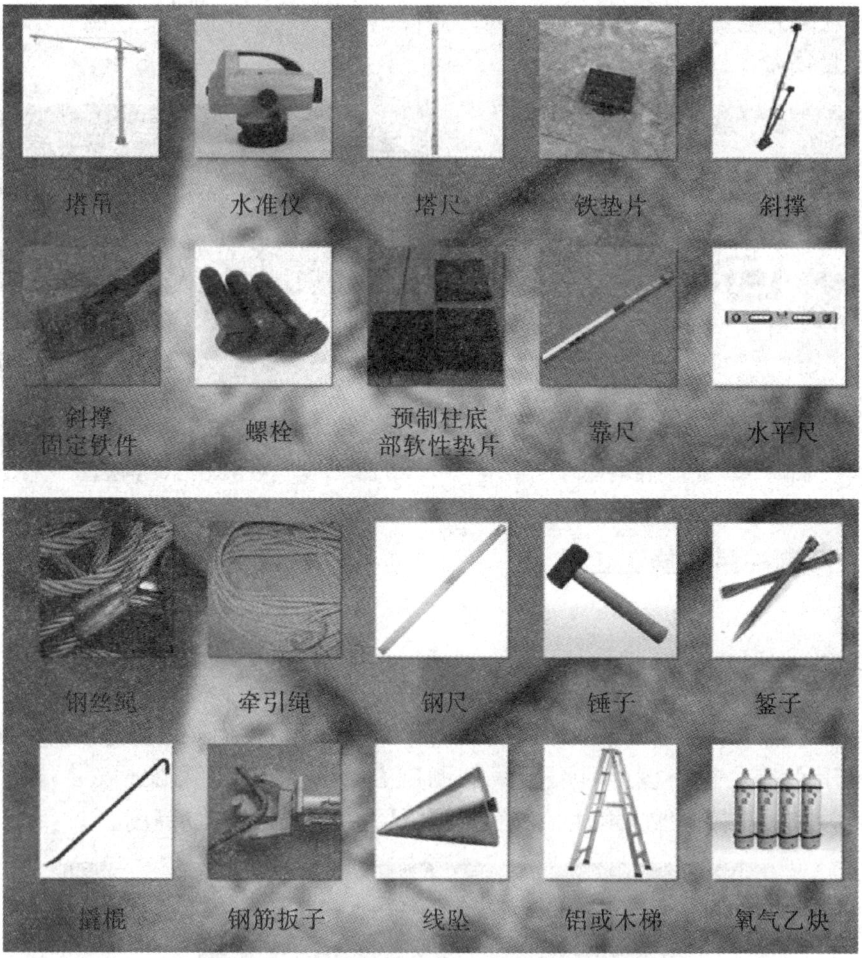

图 3-80 吊装所需的设备和器具

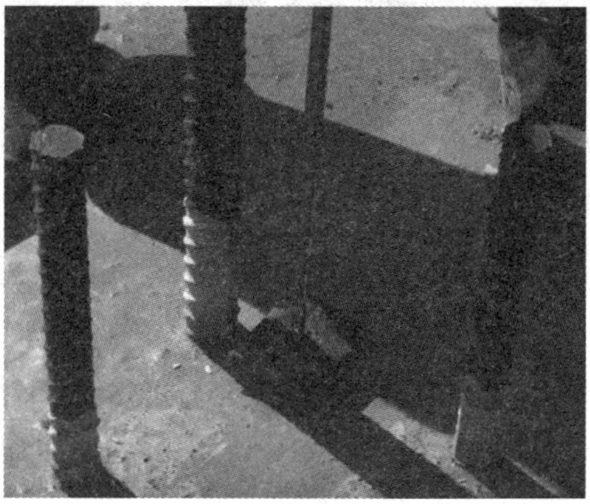

图 3-81 柱底高程调整铁垫片

(4) 在预制柱顶部架设预制主梁的位置应进行放样，设置明晰的标识（图 3-82），并放置柱头第一片箍筋，避免因预制梁安装时与预制柱的预留钢筋发生碰撞而无法吊装。

（5）应事先确认预制柱的吊装方向、构件编号、柱头出筋长度（图 3－83）、吊点与构件质量等内容。

图 3－82　预制柱编号

图 3－83　柱头出筋长度检查

三、预制柱吊装施工工艺

（一）测量放线

在每层楼面均设置定位轴线控制网及标高控制线，可使用光电测量设备从底层原始基准点向上引测，并校核。利用轴线控制网在楼板上弹出预制柱安装位置控制线（图 3－84）和标高控制线，利用控制线复核下层预制柱预留钢筋高度。

图 3－84　预制柱安装位置控制线

如出筋高度超过设置高程，用切割机切除多余部分（图 3－85）。吊装前再次进行预制柱安装标高测量，根据柱底标高在预制柱连接套筒外的四个角落放置铁垫片，调平和调整预制柱安装标高。

图 3-85 切割机切除超过高程部分

（二）预制柱翻身起吊

在预制柱翻身起吊（图 3-86）的过程中，司索信号工应对构件挂钩进行检查，确定挂钩准确、安全。待吊绳绷紧后，进行试吊（图 3-87）并及时检查钢丝绳绑扎的可靠情况，放置脱扣、缠绕。吊装过程严格按照《建筑施工起吊吊装工程安全技术规范》（JGJ 276-2012）执行。

图 3-86 预制柱翻身起吊

图 3-87 预制柱试吊

预制柱采用平躺放置，起吊前在预制柱底部放置软性垫块（图 3-88），防止预制柱翻转时与地面发生磕碰损坏。

图 3-88 预制柱底部放置软性垫块

（三）预制柱就位安装

在预制柱就位过程中，指挥人员确保作业环境安全防护措施完善，严禁预制柱吊运范围内有其他工人和作业。

预制柱就位时，现场指挥人员与操作人员密切配合，当构件下降至楼层预留插筋顶部约 10cm 时，可采用镜子观察连接钢筋与预制柱套筒对孔情况（图 3－89），使得预制柱钢筋套筒对准连接钢筋缓慢落下。

图 3－89　预制柱对孔

预制柱就位校正时，使用撬棍调整（图 3－90），应保证至少两侧垂直边线与已经测放的控制边线重合（图 3－91），安装位置轴线偏差应在 8mm 以内。

图 3－90　撬棍调整

图 3－91　预制柱边线与控制边线重合

（四）预制柱支撑安装、调整与验收

预制柱平面位置安装准确到位后，至少在柱子 3 个不同侧面设置斜撑，斜撑固定在柱面及楼板预埋件上，然后松钩，对柱子的垂直度进行复核（图 3－92），通过调节斜

撑的长度调整柱子的垂直度（图 3－93）。

图 3－92 柱子的垂直度复核

图 3－93 调节斜撑

预制柱安装后，安装班组首先进行自检，主要检查预制柱的定位、主控标高和垂直度，包括支撑加固程度、柱的边角保护以及附件安装等。班组自查合格后，再通知质检员和监理公司组织复检验收。复检通过后，预制柱安装结束。

四、柱底无收缩砂浆灌浆施工

预制柱节点一般采用预埋套筒并与该层楼面上预留的主筋进行灌浆连接。连接节点的灌浆质量将直接影响预制装配式框架结构主体结构的抗震安全，是整个施工吊装过程中的关键环节。现场施工人员、质量管理员和监理人员应引起高度重视，并严格按照相关规定进行检查和验收。

（一）施工步骤及接缝封堵

预制柱底部无收缩砂浆灌浆的施工步骤如图 3－94 所示。预制柱底部节点灌浆采用封堵模板封堵（图 3－95）和专用水泥砂浆封堵。

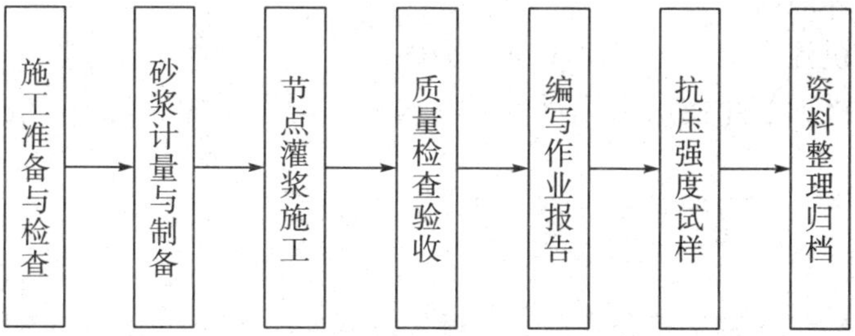

图 3－94 无收缩砂浆灌浆的施工步骤

图 3－95　封堵模板封堵

（二）质量控制

先检查无收缩水泥是否在有效期内，无收缩水泥的使用期限一般为 6 个月，6 个月以上禁止使用，3～6 个月需用 8 号筛去除水泥结块后方可使用。

每批次灌浆前需要测试砂浆的流度，按流度仪的标准流程执行，流度一般应保持为 20～30cm（具体按照使用灌浆料要求）。超过该数值范围不能使用，必须查明原因并处理后，确定流度符合要求才能实施灌浆。流度试验环为上端内径 75cm、下端内径 85cm、高 40cm 的不锈钢材质，搅拌混合后倒入流度仪测定。

无收缩砂浆做抗压强度试块，试验强度值应达到 550kgf/cm^2（1kgf＝9.8N）以上，试块为 7.07cm×7.07cm×7.07cm 立方体，需做 7d 及 28d 强度试验。

无收缩水泥进场时，每批需附原厂质量保证书。水质应取用对收缩水泥砂浆无害的水，如自来水等。采用地下水或井水等则需进行氯离子含量检测。

（三）无收缩灌浆施工

灌浆前需用高压空气清理柱底部套筒及柱底杂物（如泡绵、碎石、泥灰等），若用水清洁需干燥后才能灌浆。若灌浆中遇到必须暂停的情况，应采取循环回浆状态，即将灌浆管插入灌浆机注入口，时间以 30min 为限。

搅拌器及搅拌桶禁止使用铝质材料，每次搅拌时需待搅拌均匀后再持续搅拌 2min 以上方可使用。

（四）养护

无收缩水泥砂浆灌浆施工完成后，一般需养护 12h 以上。在养护期间，严禁碰撞立柱底部接缝，并采取相应的保护措施和标识。

（五）不合格处置

无收缩灌浆只有满浆才算合格，如未满浆，一律拆掉柱子并清理干净直至恢复原状为止。当发现有任何一个排浆孔不能顺畅出浆时，应在 30min 内排除出浆阻碍。若无法排除，则应吊起预制柱，并以高压冲洗机等清除套筒内附着的无收缩水泥砂浆，恢复至干净状态。在查明无法顺利出浆的原因并排除障碍后，方可再次按照原有的施工顺序重新开始吊装施工。

子任务三　预制梁的吊装

［任务描述］

预制梁吊装场景如图 3—96 所示。

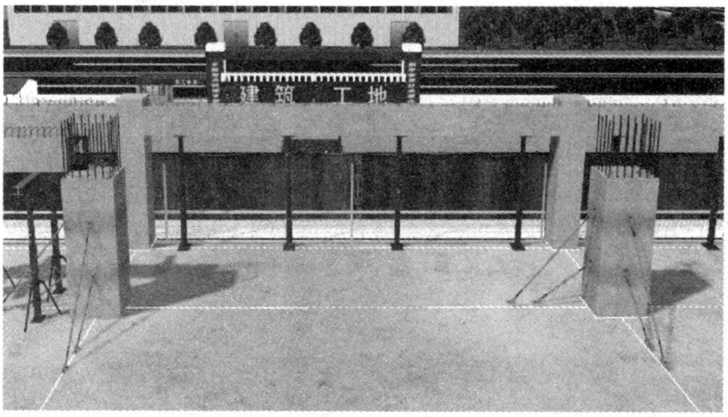

图 3—96　预制梁吊装场景

一、预制梁吊装流程

预制主梁和次梁的吊装流程如图 3—97 所示。预制次梁的吊装一般应在一组（2 根以上）预制主梁吊装完成后进行。预制主次梁吊装前应架设临时支撑系统并进行标高测量，按设计要求达到吊装进度后及时拧紧支撑系统锁定装置，然后吊钩松绑进行下一个环节的施工。支撑系统应按照前述垂直支撑系统的设计要求进行设计。预制主次梁吊装完成后应及时用水泥砂浆填充其连接接头。

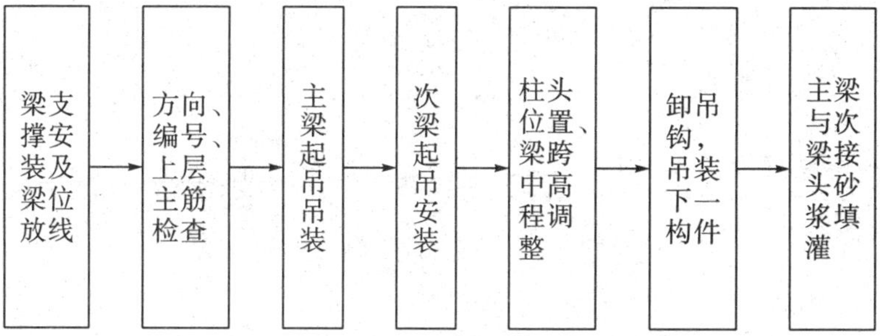

图 3—97　预制主梁和次梁的吊装流程

二、准备工作

（1）作业人员应备好相应图纸，做好过程检查。

（2）吊装前应进行定位放线，在柱头位置放出主梁控制边线，正式吊装前应检查顶部高程及水平定位是否正确。若柱头高程误差较大时，安装过程中可通过梁下支撑架来调整（图 3−98）。

图 3−98 梁下支撑架调整柱头高程

（3）对主梁钢筋、次梁结合剪力榫位置、方向、编号进行检查。

（4）预制梁的吊装应依据构件设计吊装要求备妥吊装工具和材料（图 3−99、图 3−100），抗震设防地区的梁吊装应在下层柱灌浆完成且达到设计强度要求后进行，或者根据按灌浆料同条件养护下的实验强度来确定吊装时间。吊装工具和材料在使用前应检查其检定合格证明，及是否在有效期内。

图 3−99 吊装工具和材料（一）

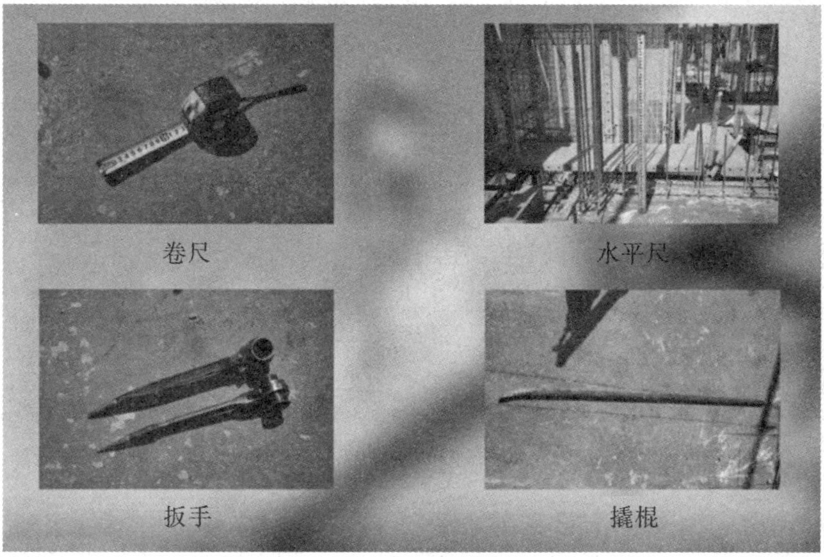

图 3-100 **吊装工具和材料（二）**

（5）若发现预制梁叠合部分主筋配筋（吊装现场预先穿好）与设计不符，应在吊装前及时更正。

三、预制梁吊装施工工艺

（一）梁支撑安装及梁位放线

根据设计图纸、方案要求，在梁相应位置搭设支撑架，支撑架搭设前应清理平台杂物，保证支撑架底平整。架体顶部设可调托座（图 3-101），确保托座螺栓不超过螺杆 2/3 高度，方便调节梁底高程。

图 3-101 **可调托座**

根据设计图纸要求，将梁定位线控制点标示在柱头位置（图 3－102），检查柱头架梁位置是否安装角钢托座（图 3－103）。若缺少托座，应及时补充安装，

图 3－102　梁定位线控制点标示在柱头位置

图 3－103　安装角钢托座

（二）方向、编号、上层主筋检查

梁吊装前应进行外观和钢筋布置等的检查，具体包括构件缺损或缺角、箍筋外保护层与梁箍垂直度、主次梁剪力榫位置偏差、穿梁开孔等项目。吊装前须对主梁钢筋、次梁接合剪力榫位置、方向、编号进行检查（图 3－104）。

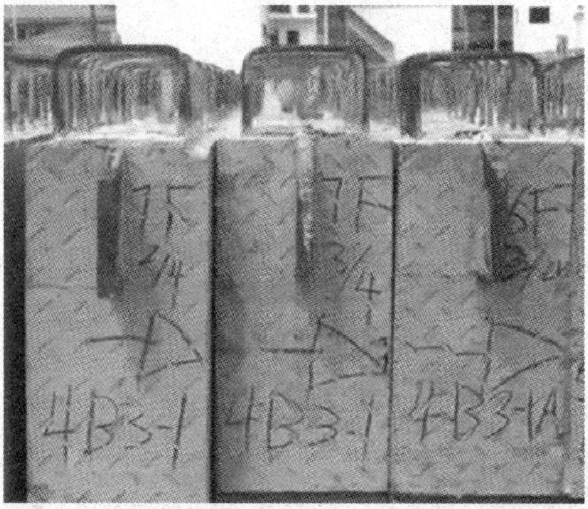

图 3－104　接合剪力榫位置、方向、编号检查

（三）主梁起吊吊装

起吊前作业人员应备好相应图纸，按图纸要求顺序吊装。吊装过程必须进行检查，确保梁方向正确。

梁上应装好生命绳（图 3－105），楼上高处作业人员应系好安全带，通过生命绳进行移动作业。

图 3－105　梁上生命绳

当原设计柱头高程误差超过容许值时，若柱头高程太低，则应在吊装主梁前重新调整支托标高（图 3－106）；若柱头高程太高，则在吊装主梁前须先将柱头凿除修正至设计标高（图 3－107）。

图 3－106　调整支托标高

图 3－107　柱头凿除修正至设计标高

吊装下一片主梁，起吊安装及卸勾作业同以上步骤，但吊装过程应按照图纸设计顺序进行，注意与其他工序的协调配合，在两向主梁交汇处的节点箍筋安装宜同步进行（图 3－108）。安装好的箍筋见图 3－109。

图 3－108　箍筋同步作业

图 3－109　安装好的箍筋

当主梁之间存在高低差时，应先安装箍筋后再吊装梁底标高在上的主梁。

（四）次梁起吊安装

次梁起吊安装须待两向主梁吊装完成后才能进行，因此在吊装前须先检查好主梁吊装顺序，确保主梁上下部钢筋位置可以交错而不会因吊错重吊，然后再起吊安装次梁（图 3－110）。

图 3－110　次梁起吊安装

（五）柱头位置、梁跨中高程调整

吊装后须派一组人调整支撑架架顶高程，使柱头（支座）位置（图 3－111）、梁跨中高程（图 3－112）保持一致及水平，确保浇筑混凝土后主次梁不下垂。

图 3－111　柱头（支座）位置

图 3－112　梁跨中高程调整

（六）卸吊钩，吊装下一构件

检查梁安装无误后解除吊钩，准备吊装下一构件。

作业人员应使用生命绳和安全带，解除吊钩（图 3－113）时注意对面作业人员的安全。

图 3－113 解除吊钩

（七）主梁与次梁接头砂浆填灌

主次梁连接节点接缝宜待预制板安装完成后进行封模处理（图 3－114、图 3－115），采用抗压强度 35MPa 以上的结构砂浆灌浆填缝（图 3－116），待砂浆凝固后拆模。

图 3－114 主次梁连接节点封模前

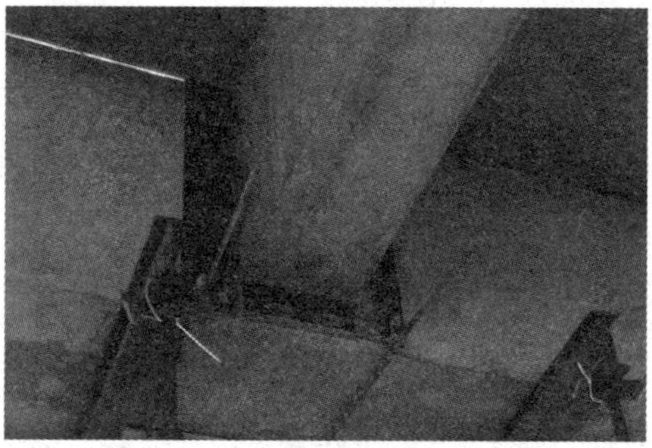

图 3－115 主次梁连接节点封模后

图 3－116 结构砂浆灌浆填缝

[知识提高]

一、叠合梁

装配式结构梁基本以叠合梁形式出现。叠合梁吊装的定位和临时支撑非常重要，准确的定位决定着安装质量，而合理地使用临时支撑不仅是保证定位质量的手段，也是保证施工安全的必要措施。

关于钢筋连接，普通钢筋混凝土结构梁柱节点钢筋交错密集但有调整的空间，而装配式混凝土结构后浇混凝土节点间受空间限制，很容易发生“碰撞”情况。因此，一是要在拆分设计时即考虑好各种钢筋的关系，直接设计出必要的弯折；二是吊装方案要按拆分设计考虑吊装顺序，吊装时则必须严格按吊装方案控制先后。

二、钢筋绑扎

装配式混凝土结构后浇混凝土内的连接钢筋应埋设准确，连接与锚固方式应符合设计和现行有关技术标准的规定。

构件连接处钢筋位置应符合设计要求。当设计无具体要求时，应保证主要受力构件和构件中主要受力方向的钢筋位置，并应符合下列规定：框架节点处，梁纵向受力钢筋宜置于柱纵向钢筋内侧；当主次梁底部标高相同时，次梁下部钢筋应放在主梁下部钢筋之上。

预制梁柱节点区的钢筋安装时，节点区柱箍筋应预先安装在预制柱钢筋上，随预制柱一同安装就位；预制叠合梁采用封闭箍筋时，预制梁上部纵筋应预先穿入箍筋内临时固定，并随预制梁一同安装就位；预制叠合梁采用开口箍筋时，预制梁上部纵筋可在现场安装。

在完成预制梁吊装后，及时完成梁柱节点钢筋绑扎（图 3－117）、主次梁节点钢筋绑扎（图 3－118）。按照深化支模节点，对现浇段进行支模加固（图 3－119）。

图 3－117　梁柱节点钢筋绑扎

图 3－118　主次梁节点钢筋绑扎

图 3-119 现浇段支模加固

【思考题】

一、填空题

1. 预制柱就位校正时，使用撬棍调整，应保证至少两侧垂直边线与已经测放的控制边线重合，安装位置轴线偏差应在________mm 以内。

2. 预制柱平面位置安装准确到位后，至少在柱子________个不同侧面设置斜撑，斜撑固定在柱面及楼板预埋件上，然后松钩，对柱子的________进行复核。

3. 预制柱安装后，安装班组首先进行自检，主要检查预制柱的________、________和________，包括支撑加固程度、柱的边角保护以及附件安装等。

4. 无收缩砂浆做抗压强度试块，试验强度值应达到 550kgf/cm^2（1kgf=9.8N）以上，试块为________立方体，需做________d 及________d 强度试验。

5. 无收缩水泥砂浆灌浆施工完成后，一般需养护________h 以上。在养护期间，严禁碰撞立柱底部接缝，并采取相应的保护措施和标识。

6. 根据设计图纸、方案要求，在梁相应位置搭设支撑架，支撑架搭设前应清理平台杂物，保证支撑架底平整。架体顶部设可调托座，确保托座螺栓不超过螺杆________高度，方便调节梁底高程。

7. 梁上应装好________，楼上高处作业人员应系好________，通过生命绳进行移动作业。

二、简答题

简述预制梁吊装流程。

模块四　装配式钢结构建筑

【学习内容介绍】

本章介绍装配式钢结构建筑的基本知识，包括装配式钢结构建筑的定义、装配式钢结构建筑的类型与适用范围、装配式钢结构建筑的设计、装配式钢结构建筑生产与运输、装配式钢结构建筑施工安装、质量验收及使用维护。

【学习目标】

知识目标：掌握装配式钢结构建筑的基本概念及适用范围，熟悉装配式钢结构建筑的设计要点，了解其安装及使用维护方案。

能力目标：具备建筑施工企业一线工作能力，能在装配式钢结构建筑的设计、施工、管理及维护方面从事技术或管理工作。

素质目标：培养德智体美全面发展，具备良好的职业道德和职业素养的技术技能人才。

任务一　认识装配式钢结构建筑

【工作情境】

广州东塔位于广州天河区珠江新城 CBD 中心地段，与已建成的广州西塔、广州新电视塔构成等腰三角形，相对耸立于中轴线珠江边，是新城市中轴线上地标性建筑的压轴之作。总建筑面积达 50 万平方米，总高 530 米，建筑楼层地上 111 层、地下室 5 层，共为 116 层，用钢量约 9.6 万吨。

该项目采用了装配式钢结构体系，包括核心筒外围钢管柱、外围斜撑、外围悬挑梁等部分。该项目是国内首个采用装配式钢结构体系的超高层建筑，也是世界上最高的装配式钢结构建筑。

一、装配式钢结构建筑的定义

说到“装配式钢结构建筑”，很多人奇怪：钢结构建筑不都是钢构件或焊接或栓接装配而成的吗？难道还有不是装配式的钢结构建筑吗？

钢结构建筑，采用铆接或螺栓连接，构件普遍在工厂里加工，再到现场装配，本质上都是装配式的做法。国家标准《装配式钢结构建筑技术标准》（GB/T 51232—2016）关于装配式钢结构建筑的定义为，装配式钢结构建筑是建筑的结构系统由钢部（构）件构成的装配式建筑。

装配式建筑不仅包含结构系统，还有外围护系统、设备与管线系统、内装系统等，按照国家标准定义的装配式钢结构建筑，与具有装配式自然特征的普通钢结构建筑相比有两点差别：

一是更加强调预制部品部件的集成。

二是除了结构系统外，其他系统也要实现装配式组装。

钢结构、围护系统、设备与管线系统和内装系统做到和谐统一，才能算得上是装配式钢结构建筑。

装配式钢结构建筑具有强度高、自重轻、抗震性能好、施工速度快、结构构件尺寸小、工业化程度高等特点，同时钢结构又是可重复利用的绿色环保材料。

二、装配式钢结构建筑的特点

（一）钢结构建筑和装配式钢结构建筑的优点

关于装配式钢结构建筑的优点，从两个层面讨论：钢结构建筑的优点和装配式钢结构建筑的优点。

1. 钢结构建筑的优点

钢结构建筑具有安全、高效、绿色和可循环利用的优势。

（1）钢材的重量较轻，材质均匀，抗拉、抗压及抗剪强度相对较高，既适用于跨度大、高度大、承载力大的结构，也适用于抗地震、可移动、易装拆的结构。

（2）钢材的塑性和韧性较高，可靠性好，不会因偶然超载或局部超载而发生断裂。

（3）钢结构制作简便，施工工期短，可降低投资成本。

（4）钢结构面积小，相应建筑物的使用面积大，可以提高建筑物的使用价值和经济效益。

（5）适用范围广，钢结构比混凝土结构和木结构适用范围更广，可建造各种类型的建筑（图 4-1）。

图4-1 钢结构适用建筑

2. 装配式钢结构建筑的优点

除了具有钢结构的优点外，围护系统、设备与管线系统和内装系统的统一组装，使得装配式钢结构还具备以下优点：

（1）标准化设计。优化设计的过程，有利于保证结构安全性，更好地实现建筑功能和降低成本。

（2）钢结构构件的标准化、集成化。构件越标准统一，生产效率越高，相应的构件成本就会下降，并且可以减少现场焊接，由此减少焊接作业对防锈层的破坏点。

（3）外围护系统的集成化，可以提高质量，简化施工，缩短工期。

（4）设备管线系统和内装系统的集成化。集成化预制部品部件的采用，可以更好地提升功能，提高质量和降低成本。

（二）装配式钢结构建筑的缺点和局限性

1. 钢结构建筑的缺点

（1）耐火性差。温度在150℃以下的，钢材不会有什么变化。当温度在300～400℃时，钢材强度和弹性开始下降。当温度在600℃时，钢材强度几乎为零。所以在特殊建筑中，要使用耐火材料来提高钢材的耐火性。

（2）耐腐蚀性差。在水分比较多或腐蚀物质比较多的地方，很容易出现锈蚀问题，需要对钢结构进行定期除锈和维护。

(3) 不易改变结构。钢结构建好后，不可以随意改变结构，因为它的各个构件都是连接在一起的，私自更改会造成安全隐患。

(4) 低温脆性。钢结构在低温的情况下，稳定性一般，很容易出现断裂的问题，所以对使用钢结构房屋的地域存在一定限制。

2. 装配式钢结构建筑的局限性

(1) 对建设规模依赖度较高。建设规模小，工厂开工不足，很难维持配件供给，增加运输成本。

(2) 多层和高层适用性低，在建筑总高度以及层高上受到很大限制。

(3) 尺寸限制。由于装配式结构的构件大小不一致，容易使生产设备受到限制，所以尺寸较大的构件再生产时会有一定难度，相对也会增加运输难度。

(4) 整体要求更高。装配式钢结构建筑对设计、制造、施工的技术水平及管理水平有更高的要求，后期维护成本更高。

(三) 装配式钢结构节点的特点

目前，装配式钢结构的梁柱节点主要采用栓焊连接，但推荐采用螺栓连接节点，螺栓连接（免焊连接）的好处有：

(1) 安装速度快。

(2) 更加容易控制施工质量。

(3) 现场焊缝是钢结构容易发生腐蚀的主要部位（油漆现场处理不当），全螺栓连接可以避免此类部位，并可以做到油漆全部由工厂涂装，大大提高了钢结构的防腐蚀性能。

【思考题】

1. 什么是装配式钢结构建筑？
2. 国家标准定义的装配式钢结构建筑与普通钢结构建筑主要区别在哪里？
3. 装配式钢结构建筑有哪些优点？
4. 装配式钢结构建筑有哪些缺点？
5. 装配式钢结构建筑有哪些局限性？

任务二　装配式钢结构建筑的类型与适用范围

一、装配式钢结构建筑的类型

（一）按建筑高度分类

装配式钢结构建筑按高度分类，有单层装配式钢结构工业厂房，低层、多层、高层、超高层装配式钢结构建筑。

不同的高度级别，对装配式钢结构建筑的设计、制作和安装有不同的要求和挑战，装配式钢结构建筑的抗震性能、防火性能、隔音隔热等方面需逐步提升。

（二）按结构体系分类

装配式钢结构建筑按结构体系分类，有框架结构建筑、框架－支撑结构建筑、框架－延性墙板结构建筑、框架－筒体结构建筑、筒体结构建筑、交错桁架结构建筑、巨型框架结构建筑、门式刚架轻钢结构建筑、大跨空间结构建筑、空间网格结构建筑、平面桁架结构建筑以及预应力钢结构建筑等。

（三）按结构材料分类

装配式钢结构建筑按结构材料分类，有钢结构建筑、钢－混凝土组合结构建筑等。

二、装配式钢结构建筑结构体系及适用范围

（一）钢框架结构

钢框架结构是由钢梁、钢柱或钢管混凝土柱在施工现场通过连接而成的具有抗剪和抗弯能力的装配式钢结构体系，属于单重抗侧力结构体系。钢管混凝土柱是指在钢管柱中填充混凝土，由钢管与混凝土共同承受荷载作用的构件。

钢梁和钢柱连接采用刚性节点或半刚性节点，节点可采用螺栓连接、焊接连接和栓焊混合连接，钢梁、钢柱按模数化、标准化设计。钢框架结构适用的建筑包括住宅、医院、商业、办公、酒店等民用建筑。

图 4－2 为钢框架结构吊装现场。

图 4-2 钢框架结构吊装现场

(二) 钢框架-支撑结构

钢框架-支撑结构是由钢梁、钢柱、钢支撑在施工现场通过连接而成的能共同承受竖向、水平作用的装配式钢结构体系，属双重抗侧力体系。钢支撑可分为中心支撑、偏心支撑、屈曲约束支撑等。

中心支撑宜采用十字交叉形，单向斜杆，人字形或 V 形（图 4-3）。高层建筑中不得采用 K 形支撑，框架承担的水平地震剪力应不小于总地震剪力的 25%和框架部分计算最大层剪力 1.8 倍二者的最小值。

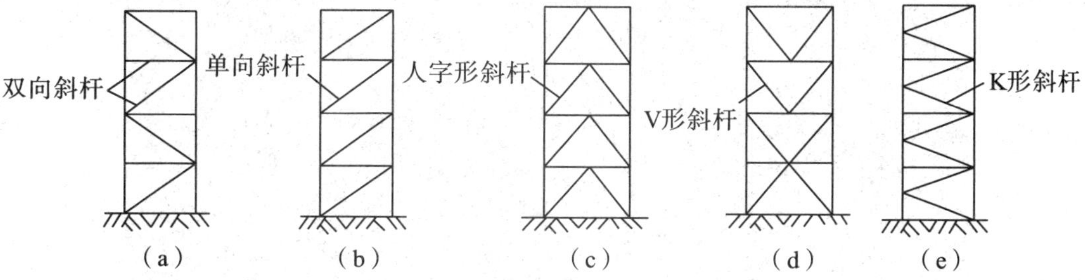

图 4-3 中心支撑类型

钢框架-支撑结构适用于高层及超高层办公楼、酒店、商务楼、综合楼等建筑。

(三) 钢框架-延性墙板结构

钢框架-延性墙板结构是由钢梁、钢柱、延性墙板在施工现场通过连接而成的能共同承受竖向、水平作用的装配式钢结构体系，属双重抗侧力体系。延性墙板有带加劲肋的钢板剪力墙、无黏接内藏钢板支撑墙板、屈曲约束钢板剪力墙等。

钢梁、钢柱、钢板剪力墙按模数化、标准化设计；当采用钢板剪力墙时，应计入竖向荷载对钢板剪力墙的不利影响，当采用竖缝钢板剪力墙且房屋层数不超过 18 层时，可不计入竖向荷载对竖缝钢板剪力墙（图 4-4）性能的不利影响。

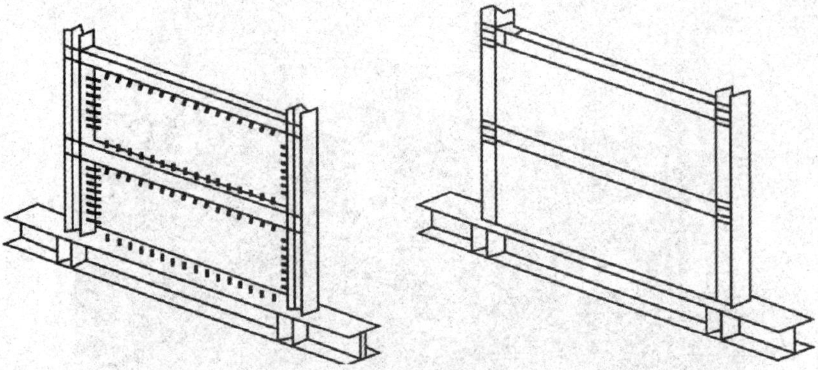

图 4-4　内嵌竖缝钢板剪力墙

钢框架-延性墙板结构适用范围与钢框架-支撑结构一样。

（四）交错桁架结构

交错桁架结构由楼板、平面桁架和柱子组成。平面桁架是在建筑物垂直方向上隔层设置、在相邻轴线上交错布置的结构体系。在相邻桁架间，楼层板一端支撑在下一层平面桁架的上弦上，另一端支撑在上一层桁架的下弦上。柱子仅在房屋周边布置，桁架高度与层高相同，跨度与建筑物宽度相同，桁架两端支承在房屋纵向边柱上，如图 4-5 所示。

图 4-5　交错桁架结构

交错桁架结构体系是由麻省理工学院于 20 世纪 60 年代中期开发的一种新型结构体系，主要适用于中、高层住宅和旅馆、办公楼等平面为矩形或由矩形组成的钢结构建筑。交错桁架结构可获得两倍柱距的大开间，在建筑上便于自由布置；在结构上便于采用小柱距和短跨楼板，减小楼板板厚；由于没有梁，可节约层高。

（五）筒体结构

筒体结构是由一个或多个筒体作为主要受力构件的高层建筑体系，可分为框筒、筒中筒、桁架筒、束筒等，主要适用于超高层办公楼、酒店、商务楼、综合楼等建筑。美国威利斯大厦（图 4–6）采用的是钢框架束筒结构体系，共 110 层，高约 443m。

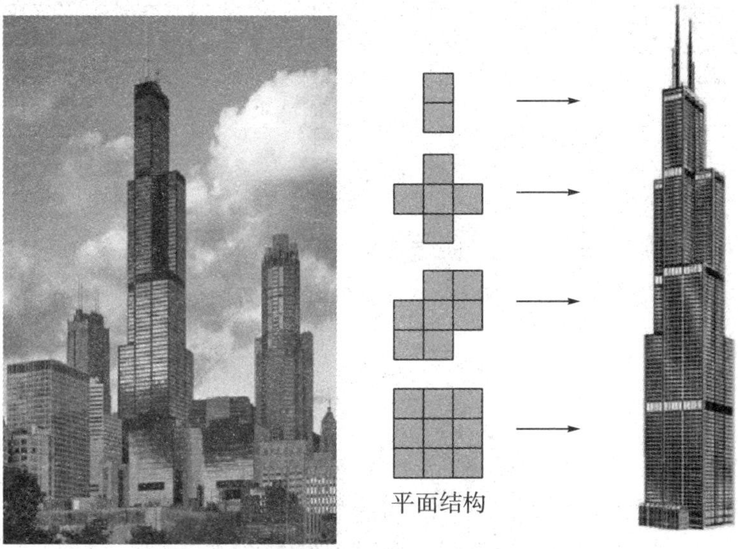

图 4–6 威利斯大厦——钢框架束筒结构体系

（六）巨型结构

巨型结构是由大型构件（巨型梁、巨型柱和巨型支撑）组成的主结构和由常规构件组成的次结构共同工作的一种结构体系，分为巨型桁架结构、巨型框架结构、巨型悬挂结构和巨型分离式结构等。

次结构作为抗震第一道防线应先于主结构屈服，主结构构件的强度储备高于次结构构件。

巨型结构用筒体（实腹筒或架筒）做成巨型柱，用高度很大（一层或几层楼高）的箱型构件或架做巨型梁。巨型结构按设防烈度从 6 度到 9 度，适用高度从 180m 到 300m，主要适用于超高层办公楼、酒店、商务楼、综合楼等建筑。巨型结构如图 4–7 所示，上海金茂大厦（图 4–8）即为采用巨型结构的建筑。

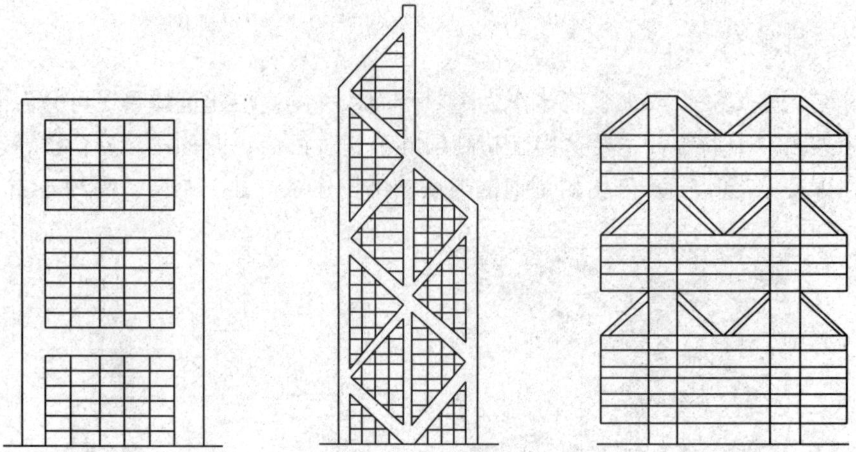

（a）巨型框架结构　　（b）巨型桁架结构　　（c）巨型悬挂结构

图 4-7　巨型结构示意图

图 4-8　上海金茂大厦——巨型结构

（七）大跨空间结构

横向跨越 60m 以上空间的各类结构可称为大跨度空间结构。常用的大跨度空间结构形式包括壳体结构、网架结构、网壳结构、悬索结构、张弦梁结构等。大跨空间结构适应于机场、博览会、展览中心、体育场馆等大空间民用建筑，如我国国家体育场鸟巢（图 4-9）等。

图 4-9 国家体育场鸟巢

（八）门式刚架结构

门式刚架结构是承重结构采用变截面或等截面实腹刚架，围护系统采用轻型钢屋面和轻型外墙的单层钢结构体系，由承重骨架、檩条、墙梁、支撑、墙、屋面及保温芯材组成，具有受力简单、传力路径明确、构件制作快捷、便于工厂化加工、施工周期短等特点。

门式刚架结构适用于各种类型的厂房、仓库，超市、批发市场，小型体育馆、训练馆，小型展览馆等建筑。门式刚架结构如图 4-10 所示。

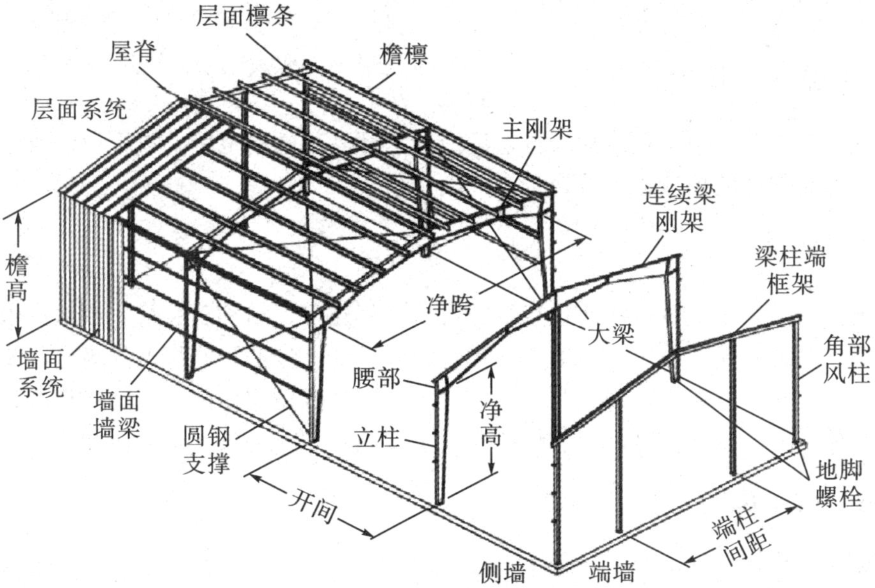

图 4-10 门式刚架结构

【思考题】

1. 装配式钢结构建筑按高度可分为哪些类型？
2. 装配式钢结构建筑按结构体系可分为哪些类型？

3. 装配式钢结构建筑按结构材料可分为哪些类型?

4. 装配式钢结构建筑有哪些结构体系，它们的适用范围是什么?

任务三　装配式钢结构建筑的设计

一、建筑设计

（一）一般规定

（1）装配式钢结构建筑应模数协调，采用模块化、标准化设计，将结构系统、外围护系统、设备与管线系统和内装系统进行集成。

（2）装配式钢结构建筑应按照集成设计原则，将建筑、结构、给水排水、暖通空调、电气、智能化和燃气等专业之间进行协同设计。

（3）装配式钢结构建筑设计宜建立信息化协同平台，共享数据信息，实现建设全过程的管理和控制。

（4）装配式钢结构建筑应满足建筑全寿命期的使用维护要求，宜采用管线分离的方式。

（二）集成化设计

通过方案比较，做出集成化安排，确定预制部品部件的范围，进行设计或选型。做好集成式部品部件的接口或连接设计。

（三）协同设计

由设计负责人组织设计团队进行统筹设计，将建筑、结构、装修、给水排水、暖通空调、电气、智能化、燃气等专业之间进行协同设计。按照国家标准的规定，装配式建筑应进行全装修，装修设计应当与其他专业同期设计并做好协同。设计过程需要与钢结构构件制作厂家、其他部品部件制作厂家、工程施工企业进行互动和协同。

（四）模数协调

装配式钢结构设计的模数协调包括：确定建筑开间、进深、层高洞口等的优先尺寸，确定水平和竖向模数与扩大，确定公差，按照确定的模数进行布置与设计。

（1）装配式钢结构建筑设计应符合国家标准《建筑模数协调标准》（GB/T 50002—2013）的有关规定。

（2）装配式钢结构建筑的开间与柱距、进深与跨度、门窗洞口宽度等宜采用水平扩大模数数列 $2n$M、$3n$M（n 为自然数）。

(3) 装配式钢结构建筑的层高和门窗洞口高度等宜采用竖向扩大模数数列 nM。

(4) 梁、柱、墙、板等部件的截面尺寸宜采用竖向扩大模数数列 nM。

(5) 构造节点和部品部件的接口尺寸宜采用分模数数列 nM/2、nM/5、nM/10。

(6) 装配式钢结构建筑的开间、进深、层高、洞口等的优先尺寸应根据建筑类型、使用功能、部品部件生产与装配要求等确定。

(7) 部品部件尺寸及安装位置的公差协调应根据生产装配要求、主体结构层间变形、密封材料变形能力、材料干缩、温差变形、施工误差等确定。

(五) 标准化设计

对进行具体工程设计的设计师而言，标准化设计主要是选用现成的标准图、标准节点和标准部品部件。

(1) 装配式钢结构建筑应在模数协调的基础上，采用标准化设计提高部品部件的通用性。

(2) 装配式钢结构建筑应采用模块及模块组合的设计方法，遵循少规格、多组合的原则。

(3) 公共建筑应采用楼电梯、公共卫生间、公共管井、基本单元等模块进行组合设计。

(4) 住宅建筑应采用楼电梯、公共管井、集成式厨房、集成式卫生间等模块进行组合设计。

(5) 装配式钢结构建筑的部品部件应采用标准化接口。

(六) 外围护系统设计

外围护系统设计是装配式钢结构建筑设计的重点环节。早期一些钢结构住宅外围护系统采用砌块或其他湿作业方式，不满足装配式建筑要求，有些还因构造处理不当存在较多问题。确定外围护系统需要在方案比较和设计上格外下功夫。

(七) 建筑平面与空间

(1) 装配式钢结构建筑平面与空间的设计应满足结构构件布置、立面基本元素组合及可实施性等要求。

(2) 装配式钢结构建筑应采用大开间、大进深、空间灵活可变的结构布置方式。

(3) 装配式钢结构建筑平面设计应符合下列规定：

①结构柱网布置、抗侧力构件布置、次梁布置应与功能空间布局及门窗洞口协调。

②平面几何形状宜规则平整，并宜以连续柱跨为基础布置，柱距尺寸应按模数统一。

③设备管井宜与楼电梯结合，集中设置。

(4) 装配式钢结构建筑立面设计应符合下列规定：

①外墙、阳台板、空调板、外窗、遮阳设施及装饰等部品部件宜进行标准化设计。

②宜通过建筑体量、材质机理、色彩等变化，形成丰富多样的立面效果。

（5）装配式钢结构建筑应根据建筑功能、主体结构、设备管线及装修等要求，确定合理的层高及净高尺寸。

（八）其他建筑构造设计

装配式钢结构建筑特别是住宅的构造设计对使用功能、舒适度、美观度、施工效率和成本影响较大，一些住户对个别钢结构住宅的不满也往往是由一些细部构造不当造成的。比如钢结构隔声问题：柱、梁构件的空腔需通过填充、包裹与装修等措施阻断声桥。隔墙开裂问题：隔墙与主体结构宜采用脱开（柔性）的连接方法等。因此，在装配式钢结构建筑特别是住宅的构造设计与内装设计需要认真考虑上述问题。

二、结构设计

装配式钢结构建筑的结构设计与普通钢结构建筑的结构设计所依据的国家标准与行业标准、基本设计原则、计算方法、结构体系选用、构造设计、结构材料选用等都一样。装配式钢结构建筑的国家标准《装配式钢结构建筑技术标准》（GB/T 51232）关于结构设计主要是强调对集成和连接节点等的要求。

（一）常用结构材料

装配式钢结构主体结构常用材料有碳素结构钢、低合金高强度结构钢和铸钢。

1. 碳素结构钢

碳素结构钢是碳素钢的一种，可分为普通碳素结构钢和优质碳素结构钢两类，含碳量为0.05%～0.70%，个别可高达0.90%。

碳素结构钢是最普通的工程用钢，建筑钢结构中主要使用低碳钢（其含碳量在0.28%以下）。按国家标准《碳素结构钢》（GB/T 700—2006），碳素结构钢分为四个牌号，即Q195、Q215、Q235、Q275。其中Q235钢常被一般焊接结构优先选用。

碳素结构钢的牌号由代表屈服点的字母、屈服点数值、质量等级符号、脱氧方法符号四个部分按顺序组成。

例如，Q235AF含义分别如下：

Q——钢材屈服点中“屈”字汉语拼音首位字母；

235——屈服强度数值（MPa）；

A——质量等级A级，共有A、B、C、D四个质量等级；

F——沸腾钢中“沸”字汉语拼音首位字母。

在某些标牌中还会有Z、TZ等字母，其含义如下：

Z——镇静钢中“镇”字汉语拼音首位字母；

TZ——特殊镇静钢中“特镇”两字汉语拼音首位字母。

在牌号组成表示方法中，“Z”与“TZ”符号予以省略。

2. 低合金高强度结构钢

低合金高强度结构钢比碳素结构钢含有更多的合金元素，属于低合金钢的范畴（其所含合金总量不超过5%）。

按国家标准《低合金高强度结构钢》（GB/T 1591—2018），热轧低合金高强度结构钢分为四个牌号，即Q355、Q390、Q420、Q460。其中Q355最为常用，Q460一般不用于建筑结构工程。

钢的牌号由代表屈服点"屈"字的汉语拼音首字母Q、屈服强度数值、质量等级符号三个部分组成。

例如，Q355D含义分别如下：

Q——钢材屈服点中"屈"字汉语拼音首位字母；

355——屈服强度数值（MPa）；

D——质量等级为D级，共有B、C、D、E、F五个质量等级。

当需方要求钢板厚度方向性能时，则在上述规定的牌号后加上代表厚度方向（Z向）性能级别的符号，例如Q355DZ15。

低合金高强度结构钢的强度比碳素结构钢明显提高，从而使钢结构构件的承载力、刚度、稳定性三个主要控制指标都得以充分发挥，尤其在大跨度或重负载结构中更为突出。在工程中，使用低合金高强度结构钢可比使用碳素结构钢节约20%的用钢量。

3. 铸钢

建筑钢结构，尤其在大跨度的情况下，有时需用铸钢件支座。按《钢结构设计标准》（GB 50017—2017）的规定，铸钢材质应符合国家标准《一般工程用铸造碳钢件》（GB/T 11352—2009）的要求，所包括的铸钢牌号有五种：ZG200－400、ZG230－450、ZG270－500 ZG310－570、ZG340－640。牌号中的前两个字母表示铸钢，后两个数字分别代表铸件的屈服强度和抗拉强度。

（二）常用结构分类

钢结构常用钢材按外形一般可分为钢板、型钢、钢管三大类。

1. 钢板

钢板是一种宽厚比和表面积都很大的扁平钢材，按轧制方式可分为热轧和冷轧，按厚度可分为薄板（厚度<4mm）、中板（厚度4～25mm）和厚板（厚度>25mm）三种。钢结构常用钢板一般厚度都不小于5mm。

如图4－11所示，长度很长，成卷供应的钢板称为钢带，在其表面镀锌称为镀锌钢带。表面镀锌的钢板称为镀锌钢板，表面带花纹的钢板称为花纹钢板，表面镀锌的花纹钢板称为镀锌花纹钢板。

成张钢板的规格以厚度×宽度×长度的毫米数表示。钢带的规格以厚度×长度的毫米数表示。

（a）钢带　　（b）镀锌钢带　　（c）钢板

（d）镀锌钢板　　（e）花纹钢板　　（d）镀锌花纹钢板

图 4－11　钢板类型

2. 型钢

型钢品种很多，是一种具有一定截面形状和尺寸的实心长条钢材，按其断面形状分为简单和复杂两种。

前者包括圆钢、方钢、扁钢、六角钢和角钢，后者包括钢轨、工字钢、槽钢、窗框钢和异型钢等。直径为 6.5～9.0mm 的小圆钢称线材。建筑钢结构常用的型钢有 H 型钢、圆钢、工字钢、角钢、槽钢、C 型钢等，如图 4－12 所示。

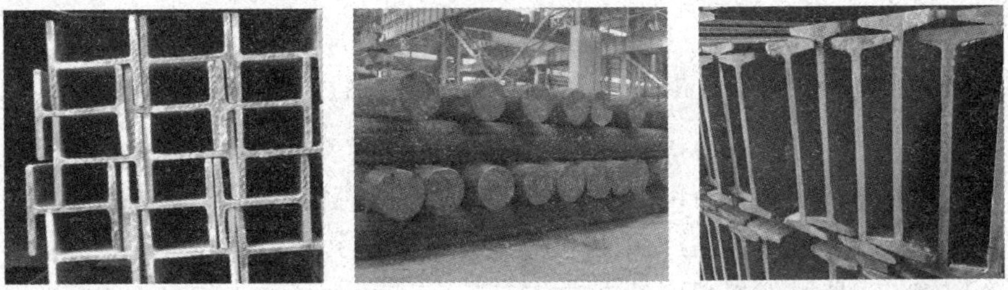

（a）H 型钢　　（b）圆钢　　（c）工字钢

（d）角钢　　（e）槽钢　　（d）C 型钢

图 4－12　钢板类型

3. 钢管

钢管是一种中空截面的长条钢材，按其截面形状可分为圆管方形管、六角形管和各种异型截面钢管，按加工工艺又可分为无缝钢管和焊接钢管两大类。焊接钢管由钢带卷焊而成，依据管径大小又分为直缝管和螺旋焊两种。钢结构常用的钢管有圆管、方管、矩形管等（图 4－13）。

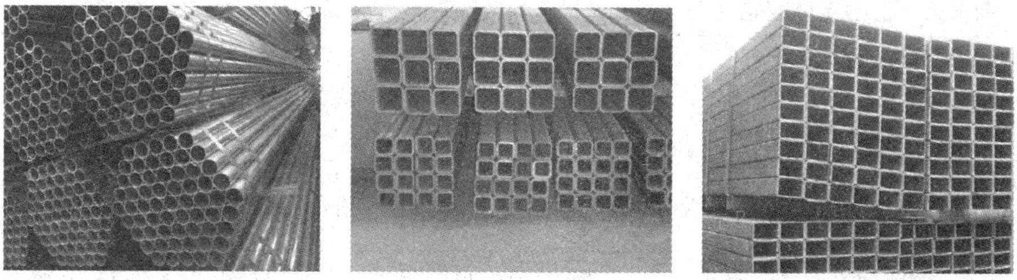

（a）圆管　（b）方管　（c）矩形管

图 4－13 钢管

（三）设计要点

1. 结构体系

装配式钢结构建筑可根据建筑的功能、高度、抗震设防烈度等选择钢框架结构、钢框架－支撑结构、钢框架－延性墙板结构、筒体结构、巨型结构、交错架结构、门式刚架结构、低层冷弯薄壁型钢结构等结构体系，且应符合下列规定：

（1）应具有明确的计算简图和合理的传力路径；

（2）应具有适宜的承载能力、刚度及耗能能力；

（3）应避免因部分结构或构件的破坏而导致整体结构丧失承受重力荷载、风荷载及地震作用的能力；

（4）对薄弱部位应采取有效的加强措施。

2. 结构布置

装配式钢结构建筑的结构布置应符合下列规定：

（1）结构平面布置宜规则、对称。

（2）结构竖向布置宜保持刚度、质量变化均匀；

（3）结构布置应考虑温度作用、地震作用或不均匀沉降等效应的不利影响，当设置伸缩缝、防震缝或沉降缝时，应满足相应的功能要求。

3. 适用的最大高度

《装配式钢结构建筑技术标准》（GB/T 51232—2016）给出的多高层不同结构体系装配式钢结构建筑适用的最大高度见表 4－1。

表 4-1 多高层不同结构体系装配式钢结构建筑适用的最大高度（单位：m）

结构体系	抗震设防烈度					
	6 度 (0.05g)	7 度		8 度		9 度 (0.40g)
		(0.10g)	(0.15g)	(0.20g)	(0.30g)	
钢框架结构	110	110	90	90	70	50
钢框架-中心支撑结构	220	220	200	180	150	120
钢框架-偏心支撑结构、钢框架-屈曲约束支撑结构、钢框架-延性墙板结构	240	240	220	200	180	160
筒体（框筒、筒中筒、桁架筒、束筒）结构、巨型结构	300	300	280	260	240	180
交错架结构	90	60	60	40	40	—

注：1. 房屋高度指室外地面到主要屋面板板顶的高度（不包括局部凸出屋顶部分）。

2. 超过表内高度的房屋，应进行专门研究和论证，采取有效的加强措施。

3. 交错架结构不得用于 9 度抗震设防烈度区。

4. 柱子可采用钢柱或钢管混凝土柱。

5. 特殊设防类，6 度、7 度、8 度时宜按本地区抗震设防烈度提高 1 度后符合本表要求，9 度时应做专门研究。

4. 高宽比

装配式钢结构建筑的高宽比与普通钢结构建筑完全一样，多高层装配式钢结构适用的最大高宽比见表 4-2。

表 4-2 多高层装配式钢结构适用的最大高宽比

抗震设防烈度	6 度	7 度	8 度	9 度
高宽比	6.5	6.5	6.0	5.5

注：1. 计算高宽比的高度从室外地面算起。

2. 当塔形建筑底部有大底盘时，计算高度比的高度从大底盘顶部算起。

5. 层间位移角

《装配式钢结构建筑技术标准》（GB/T 51232—2016）规定：在风荷载或多遇地震标准值作用下，弹性层间位移角不宜大于 1/250，这一点与《高层民用建筑钢结构技术规程》的规定一样。采用钢管混凝土柱时位移角不宜大于 1/300。

装配式钢结构住宅在风荷载标准值作用下的弹性层间位移角不应大于 1/300，屋顶水平位移与建筑高度之比不宜大于 1/450。

6. 风振舒适度验算

关于风振舒适度验算，《装配式钢结构建筑技术标准》（GB/T 51232—2016）规定，高度不小于 80m 的装配式钢结构住宅以及高度不小于 150m 的其他装配式钢结构建筑应进行风振舒适度验算。而《高层民用建筑钢结构技术规程》（JGJ 99—2015）只规定对高度不小于 150m 的钢结构建筑应进行风振舒适度验算。两个规范对具体计算方法和风振加速度取值的规定一样。《装配式钢结构建筑技术标准》（GB/T 51232—2016）关于计算舒适度时的结构阻尼比取值的规定：

对房屋高度为 80～100m 的钢结构阻尼比取 0.015，对房屋高度大于 100m 的钢结构阻尼比取 0.01。结构顶点的顺风向和横风向风振加速度限值见表 4－3。

表 4－3 结构顶点的顺风向和横风向风振加速度限值

使用功能	a_{lim}
住宅、公寓	0.20m/s^2
办公、旅馆	0.28m/s^2

（四）钢框架结构设计

钢框架结构设计应符合国家现行有关标准的规定，高层装配式钢结构建筑应符合行业标准《高层民用建筑钢结构技术规程》（JGJ 99—2015）的规定。

1. 梁柱

梁柱连接可采用带悬臂梁段、梁缘焊接腹板栓接或全焊接连接形式。抗震等级为一、二级时，梁与柱的连接宜采用加强型连接；当有可靠依据时，也可采用端板螺栓连接的形式。梁柱连接节点见图 4－14。

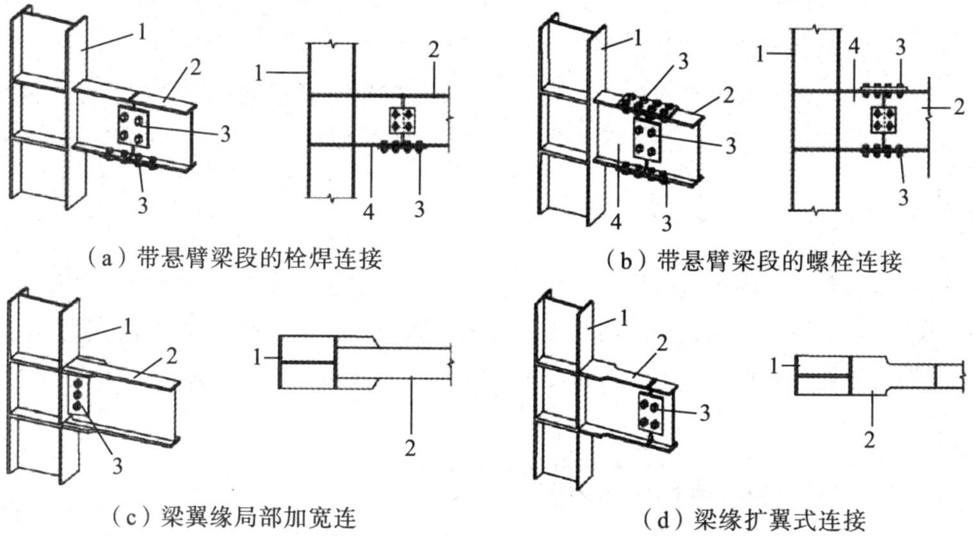

（a）带悬臂梁段的栓焊连接　（b）带悬臂梁段的螺栓连接

（c）梁翼缘局部加宽连　（d）梁缘扩翼式连接

1—柱；2—梁；3—高强度螺栓；4—悬臂段

图 4－14 梁柱连接节点

2. 钢柱拼接

钢柱拼接可采用焊接或螺栓连接的形式。

3. 梁翼缘侧向支撑

在可能出现塑性铰处，梁的上下翼缘均应设侧向支撑，当钢梁上铺设装配整体式或整体式楼板且进行可靠连接时，上翼缘可不设侧向支撑。

4. 异型组合截面

框架柱截面可采用异型组合截面，其设计要求应符合国家现行标准的规定。

（五）钢框架－支撑结构设计

钢框架－支撑结构设计应符合国家现行标准的有关规定，高层装配式钢结构建筑的设计还应符合行业标准《高层民用建筑钢结构技术规程》（JGJ 99—2015）的规定。

1. 中心支撑

高层民用建筑钢结构的中心支撑宜采用十字交叉杆、单斜杆、人字形斜杆或V形斜杆体系，不得采用K形斜杆体系，中心支撑斜杆的轴线应交汇于框架柱的轴线上。

2. 偏心支撑

偏心支撑架中的支撑斜杆应至少有一端与梁连接，并在支撑与梁交点和柱之间，或支撑同一跨内的另一支撑与梁交点之间形成消能梁段。

3. 拉杆设计

当抗震等级为四级时，支撑可采用拉杆设计，其长细比不应大于180。拉杆设计的支撑应同时设不同倾斜方向的两组单斜杆，且每层不同倾斜方向单斜杆的截面面积在水平方向的投影面积之差不得大于10%。

4. 支撑与框架的连接

当支撑翼缘朝向框架平面外，且采用支托式连接时，其平面外计算长度可取轴线长度的0.7倍；当支撑腹板位于框架平面内时，其平面处计算长度可取轴线长度的0.9倍。

5. 节点板连接

当支撑采用节点板进行连接时，在支撑端部与节点板约束点连线之间应留有2倍节点板厚的间隙，节点板约束点连线与支撑杆轴线垂直，且应进行下列验算：①支撑与节点板间的连接强度验算；②节点板自身的强度和稳定性验算；③连接板与梁柱间焊缝的强度验算。

（六）钢架－延性墙板结构设计

（1）钢板剪力墙和钢板组合剪力墙设计应符合行业标准《高层民用建筑钢结构技术规程》（JGJ 99—2015）和《钢板剪力墙技术规程》（JGJ/T 380—2015）的规定。

（2）内嵌竖缝混凝土剪力墙设计应符合行业标准《高层民用建筑钢结构技术规程》（JGJ 99—2015）的规定。

（3）当采用钢板剪力墙时，应计入竖向荷载对钢板剪力墙性能的不利影响。当采用竖缝钢板剪力墙且房屋层数不超过18层时，可不计入竖向荷载对竖缝钢板剪力墙性能的不利影响。

（七）交错架钢结构设计

（1）交错架钢结构的设计应符合行业标准《交错架钢结构设计规程》（JGJ/T 329—2015）的规定。

（2）当横向框架为奇数榀时，应控制层间刚度比；当横向框架设置为偶数时，应控制水平荷载作用下的偏心影响。

（3）桁架可采用混合桁架和空腹桁架两种形式，走廊处可不设斜杆。

（4）当底层局部无落地桁架时，应在底层对应轴线及相邻两侧做横向支撑，横向支撑不宜承受竖向荷载。

（5）交错桁架的纵向可采用钢框架结构、钢框架－支撑结构、钢框架－延性墙板结构或其他可靠的结构形式。

（八）构件连接设计

装配式钢结构建筑构件之间的连接设计应符合下列规定：

（1）在抗震设计方面，连接设计应符合构造要求，并应按弹塑性设计，连接的极限承载力应大于构件的全塑性承载力。

（2）装配式钢结构建筑构件的连接宜采用螺栓连接，也可采用焊接。

（3）有可靠依据时，梁柱可采用全螺栓的半刚性连接，此时结构计算应计入节点转动对刚度的影响。

（九）楼板设计

装配式钢结构建筑的楼板设计应符合下列规定：

（1）楼板可选用工业化程度高的压型钢板组合楼板、钢筋桁架楼承板组合楼板、预制混凝土叠合楼板及预制预应力空心楼板等。

（2）楼板应与主体结构可靠连接，保证楼盖的整体牢固性。

（3）当抗震设防烈度为 6~7 度且房屋高度不超过 50m 时，可采用装配式楼板（全预制楼板）或其他轻型楼盖，但应采取下列措施之一保证楼板的整体性：①设置水平支撑；②采取有效措施保证预制板之间的可靠性连接。

（4）装配式钢结构建筑可采用装配整体式楼板，但应适当降低表 4－1 中的最大高度。

（5）楼盖舒适度应符合行业标准《高层民用建筑钢结构技术规程》（JGJ 99—2015）的规定。

（十）楼梯设计

装配式钢结构建筑的楼梯设计应符合下列规定：

（1）宜采用装配式混凝土楼梯或钢楼梯。

（2）楼梯与主体结构宜采用不传递水平作用的连接形式。

（十一）地下室与基础设计

装配式钢结构建筑地下室和基础设计应符合下列规定：

（1）当建筑高度超过50m时，宜设置地下室；当采用天然地基时，其基础埋置深度不宜小于房屋总高度的1/15；当采用桩基时，桩承台埋深不宜小于房屋总高度的1/20。

（2）设置地下室时，竖向连续布置的支撑、延性墙板等抗侧力构件应延伸至基础。

（3）当地下室不少于两层，且嵌固端在地下室顶板时，延伸至地下室底板的钢柱脚可采用铰接或刚接。

（十二）其他设计

（1）当抗震设防烈度为8度及以上时，装配式钢结构建筑可采用隔震或消能减震结构，并应按国家标准《建筑消能减震技术规程》（JGJ 297—2013）的规定执行。

（2）钢结构应进行防火和防腐设计，并应按国家标准《建筑设计防火规范》（GB 50016—2014）及《建筑钢结构防腐蚀技术规程》（JGJ/T 251—2011）的规定执行。

三、外围护系统

（1）装配式钢结构建筑应合理确定外围护系统的设计使用年限，住宅建筑的外围护系统的设计使用年限应与主体结构相协调。

（2）外围护系统的立面设计应综合装配式钢结构建筑的构成条件、装饰颜色与材料质感等设计要求。

（3）外围护系统的设计应符合模数协调和标准化要求，并应满足建筑立面效果、制作工艺、运输及施工安装的条件。

（4）外围护系统设计应包括下列内容：

①外围护系统的性能要求；

②外墙板及屋面板的模数协调要求；

③屋面结构支承构造节点；

④外墙板连接、接缝及外门窗洞口等构造节点；

⑤阳台、空调板、装饰件等连接构造节点。

（5）外围护系统应根据建筑所在地区的气候条件、使用功能等综合确定抗风性能、抗震性能、耐撞击性能、防火性能、水密性能、气密性能、隔声性能、热工性能和耐久性能等要求，屋面系统还应满足结构性能要求。

（6）外围护系统选型应根据不同的建筑类型及结构形式而定，外墙系统与结构系统的连接形式可采用内嵌式、外挂式、嵌挂结合式等并宜分层悬挂或承托，并可选用预制外墙、现场组装骨架外墙、建筑幕墙等类型。

（7）在50年重现期的风荷载或多遇地震作用下，外墙板不得因主体结构的弹性层间位移而发生塑性变形、板面开裂、零件脱落等损坏。当主体结构的层间位移角达到1/100时，外墙板不得掉落。

（8）外墙板与主体结构的连接应符合下列规定：

①连接节点在保证主体结构整体受力的前提下，应牢固可靠、受力明确、传力简捷、构造合理。

②连接节点应具有足够的承载力。在承载能力极限状态下，连接节点不应发生破坏，当单个连接节点失效时，外墙板不应掉落。

③连接部位应采用柔性连接方式，连接节点应具有适应主体结构变形的能力。

④节点设计应便于工厂加工、现场安装就位和调整。

⑤连接件的耐久性应满足设计使用年限的要求。

（9）外墙板接缝应符合下列规定：

①接缝处应根据当地气候条件合理选用构造防水、材料防水相结合的防排水措施。

②接缝宽度及接缝材料应根据外墙板材料、立面分格、结构层间位移、温度变形等综合因素确定；所选用的接缝材料及构造应满足防水、防渗、抗裂、耐久等要求，接缝材料应与外墙板具有相容性。外墙板在正常使用状况下，接缝处的弹性密封材料不应破坏。

③与主体结构的连接处应设置防止形成热桥的构造措施。

（10）外围护系统中的外门窗应符合下列规定：

①应采用在工厂生产的标准化系列部品，并应采用带有披水板的外门窗配套系列部品。

②外门窗应与墙体可靠连接，门窗洞口与外门窗框接缝处的气密性能、水密性能和保温性能不应低于外门窗的相关性能。

③预制外墙中的外门窗宜采用企口或预埋件等方法固定，外门窗可采用预装法或后装法施工；当采用预装法时，外门窗应在工厂与预制外墙整体成型；当采用后装法时，预制外墙的门窗洞口应设置预埋件。

④铝合金门窗的设计应符合行业标准《铝合金门窗工程技术规范》（JGJ 214—2010）的规定。

⑤塑料门窗的设计应符合行业标准《塑料门窗工程技术规程》（JGJ 103—2008）的规定。

（11）预制外墙应符合下列规定：

①预制外墙用材料应符合下列规定：a. 预制混凝土外墙板用材料应符合行业标准《装配式混凝土结构技术规程》（JGJ 1—2014）的规定；b. 拼装大板用材料包括龙骨、基板、面板、保温材料、密封材料、连接固定材料等，各类材料应符合国家现行有关标准的规定；c. 整体预制条板和复合夹芯条板应符合国家现行相关标准的规定。

②露明的金属支撑件及外墙板内侧与主体结构的调整间隙，应采用燃烧性能等级为A级的材料进行封堵，封堵构造的耐火极限不得低于墙体的耐火极限，封堵材料在耐火极限内不得开裂、脱落。

③防火性能应按非承重外墙的要求执行，当夹芯保温材料的燃烧性能等级为B1或B2级时，内、外叶墙板应采用不燃材料且厚度均不应小于50mm。

④块材饰面应采用耐久性好、不易污染的材料；当采用面砖时，应采用反打工艺在工厂内完成，面砖应选择背面设有黏结后防止脱落措施的材料。

⑤预制外墙板接缝应符合下列规定：a. 接缝位置宜与建筑立面分格相对应；b. 竖缝宜采用平口或槽口构造，水平缝宜采用企口构造；c. 当板缝空腔需设置导水管排水时，板缝内侧应增设密封构造；d. 避免接缝跨越防火分区，当接缝跨越防火分区时，接缝室内侧应采用耐火材料封堵。

⑥蒸压加气混凝土外墙板的性能、连接构造、板缝构造、内外面层做法等应符合现行行业标准《蒸压加气混凝土制品应用技术标准》（JGJ/T 17—2020）的有关规定，并符合下列规定：a. 可采用拼装大板、横条板、竖条板的构造形式；b. 当外围护系统需同时满足保温、隔热要求时，板厚应满足保温或隔热要求的较大值；c. 可根据技术条件选择钩头螺栓法、滑动螺栓法、内置锚法、摇摆型工法等安装方式；d. 外墙室外侧板面及有防潮要求的外墙室内侧板面应用专用防水界面剂进行封闭处理。

（12）现场组装骨架外墙应符合下列规定：

①骨架应具有足够的承载力、刚度和稳定性，并应与主体结构可靠连接，骨架应进行整体及连接节点验算。

②墙内敷设电气线路时，应对其进行穿管保护。

③宜根据基层墙板特点及形式进行墙面整体防水。

④金属骨架组合外墙应符合下列规定：a. 金属骨架应设置有效的防腐蚀措施；b. 骨架外部、中部和内部可分别设置防护层、隔离层、保温隔汽层和内饰层，并根据使用条件设置防水透气材料、空气间层、反射材料、结构蒙皮材料和隔汽材料等。

⑤骨架组合墙体应符合下列规定：a. 材料种类、连接构造、板缝构造、内外面层做法等应符合现行国家标准《木骨架组合墙体技术标准》（GB/T 50361—2018）的规定；b. 木骨架组合外墙与主体结构之间应采用金属连接件进行连接；c. 内侧墙面材料宜采用普通型、耐火型或防潮型纸面石膏板，外侧墙面材料宜采用防潮型纸面石膏板或水泥纤维板材等材料；d. 保温隔热材料宜采用岩棉或玻璃棉等；e. 隔声吸声材料宜采用岩棉、玻璃棉或石膏板材等；f. 填充材料的燃烧性能等级应为 A 级。

（13）建筑幕墙应符合下列规定：

①应根据建筑物的使用要求和建筑造型合理选择幕墙形式，宜采用单元式幕墙系统。

②应根据不同的面板材料，选择相应的幕墙结构、配套材料和构造方式等。

③应具有适应主体结构层间变形的能力；主体结构中连接幕墙的预埋件、锚固件应能承受幕墙传递的荷载和作用，连接件与主体结构的锚固极限承载力应大于连接件本身的全塑性承载力。

④玻璃幕墙的设计应符合行业标准《玻璃幕墙工程技术规范》（JGJ 102—2003）的规定。

⑤金属与石材幕墙的设计应符合行业标准《金属与石材幕墙工程技术规范（附条文说明）》（JGJ 133—2001）的规定。

⑥人造板材幕墙的设计应符合行业标准《人造板材幕墙工程技术规范》（JGJ 336—2016）的规定。

（14）建筑屋面应符合下列规定：

①应根据国家标准《屋面工程技术规范》(GB 50345—2012)中规定的屋面防水等级进行防水设防，并应具有良好的排水功能，宜设置有组织排水系统。

②太阳能系统应与屋面进行一体化设计，电气性能应满足现行国家标准《民用建筑太阳能热水系统应用技术标准》(GB 50364—2018)和《民用建筑太阳能光伏系统应用技术规范》(JGJ 203)的规定。

③采光顶与金属屋面的设计应符合行业标准《采光顶与金属屋面技术规程》(JGJ 255—2012)的规定。

四、设备与管线系统

(1)装配式钢结构建筑的设备与管线设计应符合下列规定：

①装配式钢结构建筑的设备与管线宜采用集成化技术和标准化设计，当采用集成化新技术、新产品时应有可靠依据。

②各类设备与管线应综合设计，减少平面交叉，合理利用空间。

③设备与管线应合理选型、准确定位。

④设备与管线宜在架空层或吊顶内设置。

⑤设备与管线安装应满足结构方面的相关要求，不应在预制构件安装后剔凿沟槽、开孔、开洞等。

⑥公共管线、阀门、检修配件、计量仪表、电表箱、配电箱智能化配线箱等应设置在公共区域。

⑦设备与管线穿越楼板和墙体时，应采取防水、防火、隔声密封等措施，防火封堵应符合现行国家标准《建筑设计防火规范》(GB 50016—2014)的规定。

⑧设备与管线的抗震设计应符合现行国家标准《建筑机电工程抗震设计规范》(GB 50981—2014)的有关规定。

(2)给水排水设计应符合下列规定：

①冲厕宜采用非传统水源，水质应符合现行国家标准《城市污水再生利用城市杂用水水质》(GB/T 18920—2020)的规定。

②集成式厨房、卫生间应预留相应的给水、热水、排水管道接口，给水系统配水管道接口的形式和位置应便于检修。

③给水分水器与用水器具的管道应一对一连接，管道中间不得有连接配件；宜采用装配式的管线及其配件连接，给水分水器位置应便于检修。

④敷设在吊顶或楼地面架空层内的给水排水设备管线应采取防腐蚀、隔声减噪和防结露等措施。

⑤当建筑配置太阳能热水系统时，集热器、储水罐等的布置应与主体结构、外围护系统、内装系统相协调，做好预留预埋。

⑥排水管道宜采用同层排水技术。

⑦应选用耐腐蚀、使用寿命长、降噪性能好、便于安装、更换和连接可靠、密封性能好的管材、管件以及阀门设备。

（3）建筑供暖、通风、空调及燃气设计应符合下列规定：

①室内供暖系统采用低温地板辐射供暖时，宜采用干法施工。

②当室内供暖系统采用散热器供暖时，安装散热器的墙板构件应采取加强措施。

③当采用集成式卫生间或采用同层排水架空地板时，不宜采用地板辐射供暖系统。

④当冷热水管道固定于梁柱等钢构件上时，应采用绝热支架。

⑤供暖、通风、空气调节及防排烟系统的设备及管道系统宜结合建筑方案整体设计，并预留接口位置，设备基础和构件应连接牢固并按设备技术文件的要求预留地脚螺栓孔洞。

⑥供暖、通风和空气调节设备均应选用节能型产品。

⑦燃气系统管线设计应符合现行国家标准《城镇燃气设计规范》（GB 50028—2006）的规定。

（4）电气和智能化设计应符合下列规定：

①电气和智能化的设备与管线宜采用管线分离的方式。

②电气和智能化系统的竖向主干线应在公共区域的电气竖井内设置。

③当大型灯具、桥架、母线、配电设备等安装在预制构件上时，应采用预留预埋件固定。

④设置在预制部（构）件上的出线口、接线盒等的孔洞均应准确定位。隔墙两侧的电气和智能化设备不应直接连通设置。

⑤防雷引下线和共用接地装置应充分利用钢结构自身作为防雷接地装置。构件连接部位应有永久性明显标记，其预留防雷装置的端头应可靠连接。

⑥钢结构基础应作为自然接地体，当接地电阻不满足要求时应设人工接地体。

⑦接地端子应与建筑物本身的钢结构金属物连接。

五、内装系统

（1）内装部品部件设计与选型应符合国家现行有关抗震、防火、防水。防潮和隔声等标准的规定，并满足生产、运输和安装等要求。

（2）内装部品部件的设计与选型应满足绿色环保的要求，室内污染物限制应符合现行国家标准《民用建筑工程室内环境污染控制标准》（GB 50325—2020）的有关规定。

（3）内装系统设计应满足内装部品部件的连接、检修更换、物权归属和设备及管线使用年限的要求，内装系统设计宜采用管线分离的方式。

（4）梁柱包覆应与防火防腐构造结合，实现防火防腐包覆与内装系统的一体化，并应符合下列规定：

①内装部品部件安装不应破坏防火构造。

②宜采用防腐防火复合涂料。

③使用膨胀型防火涂料应预留膨胀空间。

④设备与管线穿越防火保护层时，应按钢构件原耐火极限进行有效封堵。

（5）隔墙设计应采用装配式部品部件，并应符合下列规定：

①可选龙骨类、轻质水泥基板类或轻质复合板类隔墙。

②龙骨类隔墙宜在空腔内敷设管线及接线盒等。

③当隔墙上需要固定电器、橱柜、洁具等较重设备或其他物品，应采取加强措施，其承载力应满足相关要求。

（6）外墙内表面及分户墙表面宜采用满足干式工法施工要求的部品部件，墙面宜设置空腔层，并应与室内设备管线进行集成设计。

（7）吊顶设计宜采用装配式部品部件，并应符合下列规定：

①当采用压型钢板组合楼板或钢筋桁架楼承板组合楼板时，应设置吊顶。

②当采用开口型压型钢板组合楼板或带肋混凝土楼盖时，宜利用楼板底部肋侧空间进行管线布置，并设置吊顶。

③厨房、卫生间的吊顶在管线集中部位应设有检修口。

（8）装配式楼地面设计宜采用装配式部品部件，并应符合下列规定：

①架空地板系统的架空层内宜敷设给水排水和供暖等管道。

②架空地板高度应根据管线的管径、长度、坡度以及管线交叉情况进行计算，并宜采取减振措施。

③当楼地面系统架空层内敷设管线时，应设置检修口。

（9）集成式厨房应符合下列规定：

①应满足厨房设备设施点位预留的要求。

②给水排水、燃气管道等应集中设置、合理定位，并应设置管道检修口。

③宜采用排油烟管道同层直排的方式。

（10）集成式卫生间应符合下列规定：

①宜采用干湿区分离的布置方式，并应满足设备设施点位预留的要求。

②应满足同层排水的要求，给水排水、通风和电气等管线的连接均应在设计预留的空间内安装完成，并应设置检修口。

③当采用防水底盘时，防水底盘与墙板之间应有可靠连接设计。

（11）住宅建筑宜选用标准化系列化的整体收纳。

（12）装配式钢结构建筑内装系统设计宜采用建筑信息模型（BIM）技术，与结构系统、外围护系统、设备与管线系统进行一体化设计，预留洞口、预埋件、连接件、接口设计应准确到位。

（13）部品部件接口设计应符合部品部件与管线之间、部品部件之间连接的通用性要求，并应符合下列规定：

①接口应做到位置固定、连接合理、拆装方便及使用可靠。

②各类接口尺寸应符合公差协调要求。

（14）装配式钢结构建筑的部品部件与钢构件的连接和接缝宜采用柔性设计，其缝隙变形能力应与结构弹性阶段的层间位移角相适应。

【思考题】

1. 装配式钢结构建筑设计包括哪几类?
2. 装配式钢结构建筑设计包含哪些内容?
3. 装配式钢结构建筑常用结构材料有哪些?
4. 简述装配式钢结构建筑结构设计要点。
5. 装配式钢结构建筑外围护系统设计包含哪些方面?
6. 装配式钢结构建筑设备与管线系统设计包含哪些方面?
7. 装配式钢结构建筑内装系统设计包含哪些方面?

任务四　装配式钢结构建筑生产与运输

一、生产工艺分类

不同的装配式钢结构建筑，生产工艺、自动化程度和生产组织方式各不相同。大体上可以把装配式钢结构建筑的构件制作工艺分为以下几个类型：

（1）普通钢结构构件制作，即生产钢柱、钢梁、支撑、剪力墙板、桁架、钢结构配件等。

（2）压型钢板及其复合板制作，即生产压型钢板、钢筋架楼承板、压型钢板-保温复合墙板与屋面板等。

（3）网架结构构件制作，即生产平面或曲面网架结构的杆件和连接件。

（4）集成式低层钢结构建筑制作，即生产和集成钢结构在内的各个系统（建筑结构、外围护、内装、设备管线系统的部品部件与零配件）。

（5）低层冷弯薄壁型钢建筑制作，即生产低层冷弯薄壁型钢建筑的结构系统与外围护系统部品部件。

二、普通钢结构构件制作工艺

普通钢结构构件制作一般在工厂进行，包括放样、号料、切割下料、边缘加工、弯卷成型、构件矫正、钢材的除锈、防腐与涂饰等工艺过程。

（一）放样与号料

1. 放样

放样是根据产品施工详图或零部件图样要求的形状和尺寸，按 1∶1 的比例把产品或零部件的实体画在放样台或平板上，求取实长并制成样板的过程。

2. 号料

号料是根据样板在钢材上画出构件的实样，并打上各种加工记号，为钢材的切割下料做准备（图 4－15）。

图 4－15 现场号料

（二）切割下料

切割下料是将放样和号料的零件形状从原材料上进行下料分离。常用的切割下料方法有气割下料、机械剪切下料和等离子切割下料三种方法。

1. 气割下料

气割下料是利用氧气与可燃气体混合产生的预热火焰加热金属表面，使其达到燃烧温度并使金属发生剧烈的氧化，放出大量的热，促使下层金属也自行燃烧，同时通以高压氧气射流，将氧化物吹除而形成一条狭小而整齐的割缝（图 4－16）。

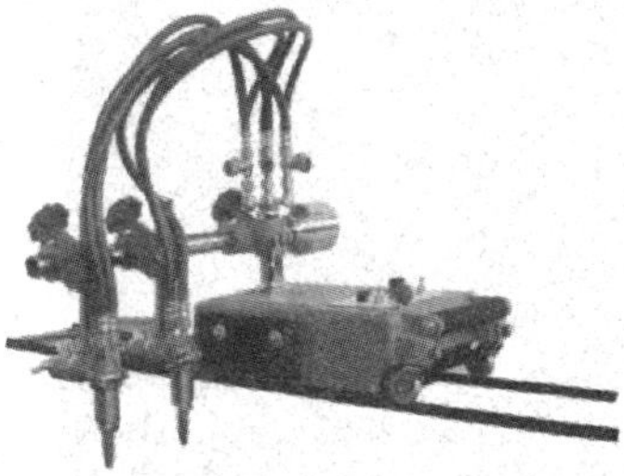

（a）气割机

（b）下料

图 4－16 气割下料

气割下料设备灵活、费用低廉、精度高，能切割各种厚度的钢材，尤其是带曲线的零件或厚钢板，是目前使用最广泛的切割下料方法。

2. 机械剪切下料

机械剪切下料是通过冲剪、切削、摩擦等机械来实现（图 4－17）。

(a) 金属切割机

(b) 联合液压冲剪机

图 4－17 机械剪切下料使用的机械

3. 等离子切割下料

等离子切割下料是利用等离子切割机（图 4－18）高温高速的等离子焰流将切口处金属及其氧化物熔化并吹掉来完成切割，这种切割下料方法能切割任何金属，特别是熔点较高的不锈钢及有色金属铝、铜等。

图 4－18 等离子切割机

（三）构件加工

1. 边缘加工

对于尺寸精度要求高的腹板、翼缘板、加劲板、支座支撑面和有技术要求的焊接坡口，需要对剪切或气割过的钢板边缘进行加工。

边缘加工方法有铲边、刨边、铣边和碳弧气刨边。

常用的边缘加工机械有铲边机（图 4－19）、双头倒角机（图 4－20）、碳弧气刨机（图 4－21）。

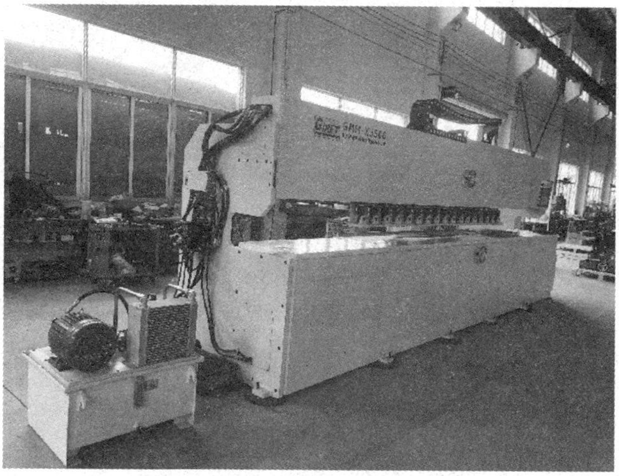

图 4－19 铲边机

图 4－20 双头倒角机

图 4－21 碳弧气刨机

2. 弯卷成型

弯卷成型机械（图 4—22）采用折弯和挤压的方式来加强钢材，使其具有良好的强度和刚度。

（a）折弯机

（b）型材弯管机

（c）自动钻孔机

图 4—22 弯卷成型机械

3. 构件矫正

钢材在存放、运输、吊运和加工成型过程中会变形，必须对不符合技术标准的钢材、构件进行矫正。钢结构的矫正，是通过外力或加热作用迫使钢材反变形，使钢材或构件达到技术标准要求的平直或几何形状（图 4—23）。

（a）板材矫正机

（b）角钢矫正机

图 4—23 构件矫正机械

矫正的方法：火焰矫正（热矫正）、机械矫正和手工矫正（冷矫正）。

（四）除锈、防腐与涂饰

钢结构的防腐与涂饰包括普通涂料涂装和防火涂料涂装。涂装前，钢材表面应除锈。

1. 钢材的除锈

钢材除锈方法有喷砂、抛丸（图 4－24）、酸洗以及钢丝刷人工除锈、现场砂轮打磨等，其中抛丸除锈是最理想的除锈方式。

（a）喷砂除锈　　（b）抛丸除锈

图 4－24　钢材除锈

2. 防腐与涂饰

钢材防腐与涂饰的方法有刷涂法（油性基料的涂料）和喷涂法（快干性和挥发性强的涂料）（图 4－25），防火涂料的涂层厚度应符合耐火极限的设计要求。

（a）刷涂　　（b）喷涂

图 4－25　钢材防腐与涂饰

三、其他制作工艺简述

（一）压型钢板及其复合板制作工艺

压型钢板［图 4－26（a）］、复合板［图 4－26（b）］和钢筋桁架楼承板［图 4－26（c）］均采用自动化加工设备生产。

（a）压型钢板

（b）复合板

（c）钢筋桁架楼承板

图 4－26　压型钢板及其复合板制作

（二）低层冷弯薄壁型钢房屋制作工艺

轻钢龙骨是以优质的连续热镀锌板带为原材料，经冷弯工艺轧制而成的建筑用金属骨架，在自动化生产线上完成（图 4－27）。

图 4－27　弯薄壁型钢生产线

（三）网架结构构件制作工艺

网架结构（图 4—28）构件主要包括钢管、钢球、高强螺栓等，工艺原理与普通构件制作一样，尺寸要求精度更高一些。

图 4—28 网架结构

四、技术管理

钢结构构件制作技术管理工作包括深化设计、工艺设计及技术方案制定等。

（一）深化设计

深化设计内容包括：

（1）集成部件设计及拼接图；

（2）工件加工详图；

（3）吊点和吊装方式设计。

（二）工艺设计及技术方案制定

工艺设计及技术方案制定的内容包括：

（1）放样模板或模尺设计；

（2）构件调直或矫正方法；

（3）成品保护设计；

（4）吊索、吊具设计；

（5）堆放方式、层数、支垫位置和材料设计；

（6）超高、超宽、超长和形状特殊构件装车、运输设计。

五、钢结构构件成品保护

钢结构构件出厂后在堆放、运输、吊装时需要进行成品保护，保护措施如下：

（1）在成品构件检验合格后，将其堆放在公司成品堆场的指定位置。成品构件堆放场地应做好排水，防止积水对构件的腐蚀。

（2）成品构件在放置时在其下安置一定数量的垫木，防止直接与地面接触，并采取一定的防止滑动和滚动措施，如放置止滑块等；当成品构件需要重叠放置时，在构件间放置垫木或橡胶垫以防止构件间碰撞。

（3）成品构件放置好后，在其四周放置警示标志，防止工厂在进行其他吊装作业时碰伤本工程构件。

（4）针对本工程的零件、散件等，设计专用的箱子放置。

（5）在整个运输过程中为避免涂层损坏，在构件绑扎或固定处用软性材料衬垫保护，避免尖锐的物体碰撞、摩擦。

（6）在进行拼装、安装作业时，应避免碰撞、重击，减少现场辅助措施的焊接量，尽量采用捆绑、抱箍的临时措施。

六、钢结构构件搬运、存放

（一）部品部件堆放应符合的规定

（1）堆放场地应平整、坚实，并按部品部件的保管技术要求采用相应的防雨、防潮、防暴晒、防污染和排水等措施。

（2）构件支垫应坚实，垫块在构件下的位置宜与脱模、吊装时的起吊位置一致。

（3）重叠堆放构件时，每层构件间的垫块应上下对齐，堆放层数应根据构件、垫块的承载力确定，并应根据需要采取防止堆垛倾覆的措施。

（二）墙板运输与堆放尚应符合的规定

（1）当采用靠放架堆放或运输时，靠放架应具有足够的承载力和刚度，与地面倾斜角度宜大于80°；墙板宜对称放置且外饰面朝外墙板上部宜采用木垫块隔开。运输时应固定牢固。

（2）当采用插放架直立堆放或运输时，宜采取直立方式运输，插放架应有足够的承载力和刚度，并应支垫稳固。

（3）当采用叠层平放的方式堆放或运输时，应采取防止产生损坏的措施。

七、钢结构构件运输

部品部件出厂前应进行包装，保障部品部件在运输及堆放过程中不破损、不变形。

对超高、超宽、形状特殊的大型构件的运输和堆放应制定专门的方案。

选用的运输车辆应满足部品部件的尺寸、重量等要求，装卸与运输时应符合下列规定：

（1）装卸时应采取保证车体平衡的措施。

（2）应采取防止构件移动、倾倒、变形等的固定措施。

（3）运输时应采取防止部品部件损坏的措施，对构件边角部或链索接触处宜设置保护衬垫（图4－29）。

（a）超长设备运输

（b）超宽货物运输

图4－29　钢结构构件运输

八、钢结构构件制作质量控制要点

钢结构构件制作质量控制要点包括：

（1）对钢材、焊接材料等进行检查验收。

（2）控制剪裁、加工精度，构件尺寸误差在允许范围内。

（3）控制孔眼位置与尺寸误差在允许范围内。

（4）对构件变形进行矫正。

（5）焊接质量控制。

（6）在第一个构件检查验收合格后，生产线才能开始批量生产。

（7）除锈质量。

（8）保证防腐涂层的厚度与均匀度。

（9）搬运、堆放和运输环节防止磕碰等。

【思考题】

1. 装配式钢结构建筑构件制作工艺可以分为几类？
2. 装配式钢结构建筑构件制作过程包含哪些方面？请简要概述。
3. 简述装配式钢结构建筑构件的制作工艺。
4. 制定钢结构构件制作技术管理工作方案。
5. 装配式钢结构构件的成品怎么进行保护，在运输、搬运及存放时应注意什么要求？

6. 钢结构构件制作质量控制要点有哪些?

任务五　装配式钢结构建筑施工安装

装配式钢结构安装工程可以简单地划分为单层钢结构、多层及高层钢结构和钢网架结构安装工程。单层钢结构安装工程一般规模较小，施工也相对简单，多为民间用住宅和一些工业用房；多层及高层钢结构的构造相对复杂，施工也较困难，旅馆、饭店、办公楼等高层或超高层建筑多采用此结构；钢网架结构多应用于大跨度空间结构之中，如机场和大型体育馆等。三种钢结构的侧重点各不相同，其施工也各有特点。

一、施工安装前的准备

(1) 装配式钢结构建筑施工单位应建立完善的安全、质量、环境和职业健康管理体系。

(2) 施工前，施工单位应编制施工组织设计及配套的专项施工方案、安全专项方案和环境保护专项方案，并按规定进行审批和论证。

(3) 施工单位应根据装配式钢结构建筑的特点，选择合适的施工方法，制定合理的施工顺序，并应尽量减少现场支模和脚手架用量，提高施工效率。

(4) 施工用的设备、机具、工具和计量器具应满足施工要求，并应在合格检定有效期内。

(5) 装配式钢结构建筑宜采用信息化技术，对安全、质量、技术进度等进行全过程的信息化协同管理。宜采用建筑信息模型技术对结构构件、建筑部品部件和设备管线等进行虚拟建造。

(6) 装配式钢结构建筑应遵守国家环境保护的法规和标准，采取有效措施减少各种粉尘、废弃物、噪声等对周围环境造成的污染和危害；并应采取可靠有效的防火等安全措施。

(7) 施工单位应对装配式钢结构建筑的现场施工人员进行相应专业的培训。

(8) 钢结构安装前根据土建专业工序交接单及施工图纸对基础的定位轴线、柱基础的标高、杯口几何尺寸等项目进行复测与放线，确定安装基准，做好测量记录。经复测符合设计及规范要求后方可吊装。

(9) 施工单位对进场构件的编号、外形尺寸、连接螺栓孔位置及直径等必须认真按照图纸要求进行全面复核，经复核符合设计图纸和规范要求后方可吊装。

二、施工组织设计技术要点

装配式钢结构建筑施工组织设计技术要点包括：

（一）起重设备设置

多层建筑、高层建筑施工一般设置塔式起重机（图 4－30），多层建筑也可用轮式起重机安装，单层工业厂房和低层建筑一般用轮式起重机安装。

图 4－30　塔式起重机

工地塔式起重机选用除了考虑钢结构构件重量、高度（有的跨层柱子较高）外，还应考虑其他部品部件的重量、尺寸与形状，如外围护预制混凝土墙板可能会比钢结构构件更重。

钢结构建筑构件较多，配置起重设备的数量一般比混凝土结构工程要多。

（二）吊点与吊具设计

对钢结构部件和其他系统部品部件进行吊点设计或设计复核，进行吊具设计。

钢柱吊点设置在柱顶耳板处，吊点处使用板带绑扎出吊环，然后与吊机的钢丝绳吊索连接。重量大的柱子一般设置 4 个吊点，断面小的柱子可设置 2 个吊点。钢柱吊装如图 4－31 所示。

图 4－31　钢柱吊装

钢梁边缘吊点距梁端距离不宜大于梁长的 1/4，吊点处使用板带绑扎出吊环，然后与吊机的钢丝绳吊索连接。长度较大的钢梁一般设置 4 个吊点，长度较小的钢梁可设置 2 个吊点（图 4－32）。

（a）钢梁吊装（4 个吊点）

（b）钢梁吊装（2 个吊点）

图 4－32　**钢梁吊装**

（三）部品部件进场验收

确定部品部件进场验收的方法与内容。

对于大型构件，现场检查比较困难，应当把检查环节前置到出厂前进行，现场主要检查构件在运输过程中是否有损坏等。

（四）工地临时存放支撑设计

构件在工地临时存放时，应注意支撑方式、支撑点位置设计，避免存放不当导致构件变形。

（五）基础施工要点

基础混凝土施工安装预埋件的准确定位是控制要点，应采用定位模板确保预埋件的位置在允许误差范围内。

（六）安装顺序确定

钢结构应根据结构特点选择合理顺序进行安装，并应形成稳固的空间单元。

（七）临时支撑与临时固定措施

有的竖向构件安装后需要设置临时支撑，组合楼板安装需要设置临时支撑，因此须进行临时支撑设计。有的构件在安装过程中需要采取临时固定措施，如屋面梁安装后需要等水平支撑安装固定后再最终固定，所以需要临时固定。

三、施工安装质量控制要点

施工安装质量控制要点包括：

（1）基础混凝土预埋安装螺栓锚固可靠，位置准确，安装时基础混凝土强度达到了允许安装的设计强度。

（2）保证构件安装标高精度、竖直构件（柱、板）的垂直度和水平构件的平整度符合设计和规范要求。

（3）锚栓连接紧固牢固，焊接连接按照设计要求施工。

（4）运输、安装过程中造成的涂层损坏采用可靠的方式补漆，达到设计要求。

（5）对焊接节点防腐涂层补漆，达到设计要求。

（6）防火涂料或喷涂符合设计要求。

（7）设备管线系统和内装系统施工应避免破坏防腐防火涂层等。

【思考题】

1. 装配式钢结构建筑在施工安装前应进行哪些方面的准备？
2. 如何进行装配式钢结构建筑施工组织设计？
3. 装配式钢结构建筑在施工安装时应注意哪些质量控制要点？

任务六　质量验收及使用维护

一、质量验收

装配式钢结构验收包括结构系统验收、外围护系统验收、设备与管线系统验收、内装系统验收和竣工验收。

（一）质量验收一般规定

（1）装配式钢结构建筑的质量验收应符合现行国家标准《建筑工程施工质量验收统一标准》（GB 50300—2013）的规定。当国家现行标准对工程中的验收项目未作具体规定时，应由建设单位组织设计施工、监理等相关单位制定验收要求。

（2）同一厂家生产的同批材料、部品部件，用于同期施工且属于同一工程项目的多个单位工程，可合并进行进场验收。

（3）部品部件应符合国家现行有关标准的规定，并应具有产品标准、出厂检验合格证、质量保证书和使用说明文件。

（二）部品部件进场验收

同一厂家生产的同批材料、部品部件，用于同期施工且属于同一工程项目的多个单位工程，可合并进行进场验收。许多钢结构构件和建筑部品部件尺寸较大，验收项目较多，进场后在工地现场没有条件从容地进行验收，可以考虑主要项目在工厂出厂前验收，进场验收主要进行外观验收和交付资料验收。部品部件应符合国家现行有关标准的规定，并应提供以下文件：

（1）产品标准。

（2）出厂检验合格证。

（3）质量保证书。

（4）产品使用说明文件。

（三）钢结构系统验收

钢结构系统验收项目主要包括：

（1）钢结构工程施工质量验收。

（2）焊接工程验收。

（3）钢结构主体工程紧固件连接工程的验收。

（4）钢结构防腐蚀涂装工程的验收。

（5）钢结构防火涂料的黏结强度、抗压强度的验收。

（6）装配式钢结构建筑的楼板及屋面板验收。

（7）钢楼梯验收等。

安装工程可按楼层或施工段等划分为一个或若干个检验批。地下钢结构可按不同地下层划分检验批。钢结构安装检验批应在进场验收和焊接连接、紧固件连接、制作等分项工程验收合格的基础上进行验收。

（四）外围护系统验收

外围护系统验收应根据工程实际情况检查系列文件和记录，并在验收前完成抗压性能、层间变形性能、耐撞击性能、耐火极限等实验室检测以及连接件材料性能、锚栓拉拔强度等试验和测试。其验收项目主要包括：

（1）预埋件、节点等隐蔽项目的现场验收。

（2）焊接和螺栓连接部位验收。

（3）保温和隔热工程质量验收。

（4）门窗工程、涂饰工程质量验收。

（5）蒸压加气混凝土外墙板质量验收。

（6）木骨架组合外墙系统质量验收。

（7）幕墙工程质量验收。

（8）屋面工程质量验收。

（五）设备与管线系统验收

设备与管线系统验收项目主要包括：

（1）建筑给水排水及采暖工程验收；

（2）自动喷水灭火系统验收；

（3）消防给水系统及室内消火栓系统验收；

（4）通风与空调工程验收；

（5）建筑电气工程验收；

（6）火灾自动报警系统验收；

（7）智能化系统验收；

（8）暗敷在轻质墙体、楼板和吊顶中的管线、设备验收。

管道穿过钢梁时的开孔位置、尺寸和补强措施，应满足设计图纸要求并应符合现行行业标准《高层民用建筑钢结构技术规程》（JGJ 99—2015）的规定。

（六）内装系统验收

（1）装配式钢结构建筑内装系统工程宜与结构系统工程同步施工，分层分阶段验收。

（2）内装系统验收项目主要包括：

①对住宅建筑内装工程应进行分户质量验收、分段竣工验收；

②对公共建筑内装工程应按照功能区间进行分段质量验收。

（3）装配式内装系统质量验收。

（4）内装工程完成后进行室内环境的验收。

（七）竣工验收

（1）单位（子单位）工程质量验收应符合下列规定：

①所含分部（子分部）工程的质量均应验收合格；

②质量控制资料应完整；

③所含分部工程中有关安全、节能、环境保护和主要使用功能的检验资料应完整；

④主要使用功能的抽查结果应符合相关专业验收规范的规定；

⑤观感质量应符合要求。

（2）竣工验收的步骤可按验前准备、竣工预验收和正式验收三个环节进行。

（3）施工单位应在交付使用前与建设单位签署质量保修书，并提供使用、保养、维护说明书。

（4）建设单位应当在竣工验收合格后，按《建设工程质量管理条例》的规定向备案机关备案，并提供相应文件。

二、装配式钢结构建筑使用维护

装配式钢结构建筑的设计文件应注明其设计条件、使用性质及使用环境。在交付物业时，应按国家有关规定要求，提供《建筑质量保证书》和《建筑使用说明书》。

（一）主体结构使用与维护

（1）《建筑使用说明书》应包含主体结构设计使用年限、结构体系、承重结构位置、使用荷载、装修荷载、使用要求、检查与维护等。

（2）物业服务企业应根据《建筑使用说明书》，在《检查与维护更新计划》中建立对主体结构的检查与维护制度，明确检查时间与部位。检查与维护的重点应包括主体结构损伤、建筑渗水、钢结构锈蚀、钢结构防火保护等可能影响主体结构安全性和耐久性的内容。

（3）业主或使用者不应改变原设计文件规定的建筑使用条件、使用性质及使用环境。

（4）装配式钢结构建筑的室内二次装修、改造和使用不应损伤主体结构。

（5）在装配式钢结构建筑的二次装修、改造和使用过程中发生下述行为之一者，应经原设计单位或具有相应资质的设计单位提出设计方案，并按设计规定的技术要求进行施工及验收。

①超过设计文件规定的楼面装修或使用荷载；

②改变或损坏钢结构防火、防腐蚀的相关保护及构造措施；

③改变或损坏建筑节能保温、外墙及屋面防水相关的构造措施。

④二次装修、改造中改动卫生间、厨房、阳台防水层的，应按现行相关防水标准制定设计、施工技术方案，并进行闭水试验。

（二）外围护系统使用与维护

（1）《建筑使用说明书》中有关外围护系统的部分，宜包含下列内容：

①外围护系统基层墙体和连接件的使用年限及维护周期；

②外围护系统外饰面、防水层、保温以及密封材料的使用年限及维护周期；

③外墙可进行吊挂的部位、方法及吊挂力；

④日常与定期的检查与维护要求。

（2）物业服务企业应依据《建筑使用说明书》，在《检查与维护更新计划》中规定对外围护系统的检查与维护制度，检查与维护的重点应包括外围护部品外观、连接件锈蚀、墙屋面裂缝及渗水、保温层破坏、密封材料的完好性等，并形成检查记录。

（3）当遇地震、火灾后，应对外围护系统进行检查，并视破损程度进行维修。

（4）业主与物业服务企业应根据《建筑质量保证书》和《建筑使用说明书》中建筑外围护部品及配件的设计使用年限资料，对接近或超出使用年限的部分进行安全性评估。

（三）设备与管线使用与维护

（1）《建筑使用说明书》应包含设备与管线的系统组成、特性规格、部品部件寿命、维护要求、使用说明等。物业服务企业应在《检查与维护更新计划》中规定对设备与管线的检查与维护制度，保证设备与管线系统的安全使用。

（2）公共部位及其公共设施设备与管线的维护重点包括水泵房、消防泵房、电机房、电梯、电梯机房、中控室、锅炉房、管道设备间配电间（室）等，应按《检查与维护更新计划》进行定期巡检和维护。

（3）在进行装修改造时，不应破坏主体结构和外围护系统。

（4）智能化系统的维护应符合现行国家标准的有关规定，物业服务企业应建立智能化系统的管理和维护方案。

（四）内装系统使用与维护

（1）《建筑使用说明书》应包含内装系统做法、部品部件寿命、维护要求、使用说明等。

（2）在进行内装维护和更新时，所采用的部品部件和材料应满足《建筑使用说明书》中的相应要求。

（3）正常使用条件下，装配式钢结构住宅建筑的内装工程项目质量保修期限不应低于 2 年，有防水要求的厨房、卫生间等的防渗漏保修期限不应低于 5 年。

（4）内装工程项目应建立易损部品部件备用库，保证使用维护的有效性及时效性。

[思考题]

1. 装配式钢结构质量验收包括哪些内容？
2. 如果让你组织装配式钢结构质量验收，你会怎么进行？
3. 装配式钢结构建筑使用时应注意哪些方面的维护？简要说明。

参考文献

[1] 黄敏，吴俊峰. 装配式建筑施工与施工机械 [M]. 重庆：重庆大学出版社，2021.

[2] 王鑫，杨泽华. 装配式混凝土结构施工技术 [M]. 北京：中国建筑工业出版社，2023.

[3] 郭荣玲，刘焕波. 装配式钢结构制作与施工 [M]. 北京：机械工业出版社，2021.

[4] 娄宇，王昌兴. 装配式钢结构建筑的设计、制作与施工 [M]. 北京：机械工业出版社，2021.

[5]《住房和城乡建设行业专业人员知识丛书》编委会. 通用知识 [M]. 北京：中国环境出版集团，2021.

[6] 芦钰，薛伟. 装配式构件智能运输问题分析及解决措施 [J]. 陶瓷，2021 (2): 34-35.

[7] 刘志明，雷春梅. 装配式构件生产线和生产工艺研究 [J]. 混凝土与水泥制品，2018 (3): 76-78.

[8] 刘晓晨，王施施. 装配式建筑构件制作与安装实操 [M]. 北京：中国建筑工业出版社，2022.

[9] 肖明和，张蓓. 装配式建筑施工技术 [M]. 北京：中国建筑工业出版社，2018.

[10] 王鑫，赵腾飞. 装配式混凝土结构施工技术与管理 [M]. 北京：机械工业出版社，2020.